地灾与建筑损毁的无人机与地面LiDAR协同观测及评估

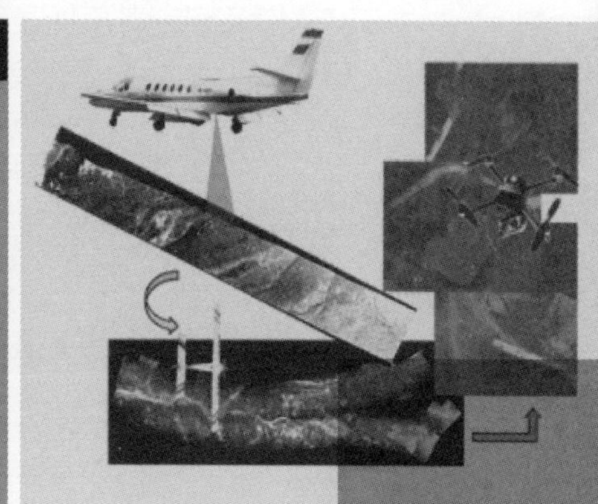

◎ 许志华　吴立新　著

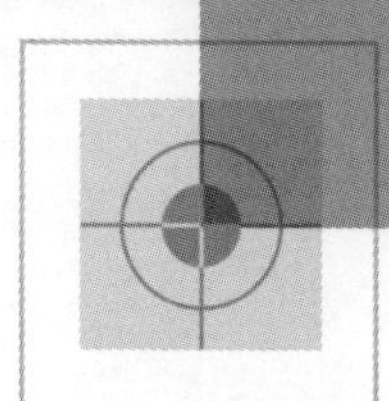

北京理工大学出版社
BEIJING INSTITUTE OF TECHNOLOGY PRESS

图书在版编目（CIP）数据

地灾与建筑损毁的无人机与地面 LiDAR 协同观测及评估/许志华，吴立新著.—北京：北京理工大学出版社，2019.3

ISBN 978-7-5682-6839-4

Ⅰ.①地… Ⅱ.①许… ②吴… Ⅲ.①无人驾驶飞机-航空摄影测量②地面雷达-激光雷达-应用-三维-模型（建筑） Ⅳ.①P231②TU205-39

中国版本图书馆 CIP 数据核字（2019）第 044844 号

出版发行／北京理工大学出版社有限责任公司
社　　址／北京市海淀区中关村南大街 5 号
邮　　编／100081
电　　话／（010）68914775（总编室）
　　　　　（010）82562903（教材售后服务热线）
　　　　　（010）68948351（其他图书服务热线）
网　　址／http：//www. bitpress. com. cn
经　　销／全国各地新华书店
印　　刷／三河市华骏印务包装有限公司
开　　本／710 毫米×1000 毫米　1/16
印　　张／10
彩　　插／6
字　　数／208 千字
版　　次／2019 年 3 月第 1 版　2019 年 3 月第 1 次印刷
定　　价／55.00 元

责任编辑／张慧峰
文案编辑／张慧峰
责任校对／周瑞红
责任印制／李志强

书的研究与出版得到以下基金资助

国家自然科学基金（41701534）

国家重点基础研究发展计划（973）项目（2011CB707102）

国家重点研发计划项目（2017YFB0504100）

中央高校基本科研业务费专项资金资助项目（105565GK、2017QK02）

欧盟第7框架计划项目（312718）

前　言

长期以来，人类饱受各种自然灾害的威胁。其中，重大地质灾害具有突发性强、危害范围广的特点，常给人类带来毁灭性的灾难，严重威胁着人类的生命和财产安全。研究表明，大多数地质灾害导致的建筑物损毁是造成人员伤亡和财产损失的主要原因。目前，受科技发展水平的限制，人类尚无足够的能力预测、控制或改变地质灾害发生的时间、地点和规模。为此，快速、准确的灾害测量和建筑物损毁评估成为人类应对重大地质灾害的主要手段。随着卫星、航空及地面等观测平台的快速发展，遥感技术已经成为快速获取灾情数据的主要手段。然而，卫星遥感时效性差、传统航空测量数据处理周期长、多源数据协同利用率低等问题，制约着遥感技术在地灾与建筑损毁监测中的应用。作者先后参与了国家重点基础研究发展计划“973”项目子课题（2011CB707102）：事件驱动的空天地多传感器协同观测方法，中央高校基本科研业务费专项资金资助项目（105565GK）：低空影像与地面 LiDAR 数据融合及灾情特征提取方法研究，欧盟第 7 框架计划项目（312718）：Reconstruction and Recovery Planning：Rapid and Continuously Updated construction Damage，and Related Needs Assessment，国家自然科学基金青年科学基金项目（41701534）：拓扑几何约束的多视影像快速匹配及三维重建方法研究和国家重点研发计划项目（2017YFB0504100）：重特大灾害空天地一体化协同监测应急响应关键技术研究及示范等，参与了 2008 年汶川地震、2010 年海地地震、2013 年雅安地震等多源遥感震害监测和建筑损毁制图工作。本书在作者近年研究的基础上，针对地震、滑坡等地质灾害设计了低成本、机动式的空地异源传感器协同观测系统，采用以低空无人机摄影测量和视觉三维重建为主、联合局部地面 LiDAR 扫描的协同观测方式，介绍地灾场景快速三维重建、复杂灾场地物分类和建筑结构损毁评估方法，从遥感立体测量的角度给出了地灾测量与建筑结构损毁评估参考标准。

本书的研究工作包括：

（1）提出了一种顾及影像拓扑骨架的低空影像快速三维重建方法，针对传统视觉三维重建算法效率低的问题，利用无人机获取的飞控数据构建了影像拓扑关系（TCN）；创新地提出了一种分层度约束的最大生成树算法，删除 TCN 中的冗余边，提取影像拓扑骨架（SCN）；提出了顾及影像拓扑骨架的运动恢复结构（SCN－SfM）算法，解决了传统视觉三维重建中的冗余匹配问题，提高了低空影像三维重建的效率。

（2）研究了基于低空影像重建点云的灾场地物分类方法，针对低空影像重建点云的特点，构建了顾及光谱、纹理和几何特征的点云特征描述子，提高了灾场地物的可分性；针对灾场地物复杂、训练样本选择困难的问题，提出了基于多类不确定性—边缘采样（MCLU－MS）的主动学习算法优化采样机制，通过迭代选取少而优的训练样本达到了人力成本最小化和分类精度最大化的目的，并以国内外三处地震灾区为例，验证了本书方法的高效性、可靠性和地灾事件的可迁移性，对于地灾应急测量和灾情分级评估具有较强的现实意义。

（3）实现了基于空地异源点云的建筑物倾斜检测与损毁评估。针对低空测量较难获取灾场完备三维信息的问题，研究了联合低空无人机与地面 LiDAR 的协同观测方法，提出了由粗到精的空（低空影像重建）地（地面 LiDAR 扫描）异源点云融合方法，验证了融合点云对获取地物完备三维点云的有效性，测试了融合点云的测距相对误差小于 ±2‰；在此基础上提出了建筑物倾斜检测方法；以 2013 年芦山 7.0 级地震为例，探讨了不同结构类型建筑物的倾斜角度与损毁程度之间的关系，从遥感立体测量的角度提出了建筑物损毁评估的参考标准。

本书撰写得到了北京师范大学李京教授、武建军教授、唐宏教授、刘素红教授和宫阿都副教授的指导和帮助，中国矿业大学杨化超教授、中科院遥感所刘纯波副研究员、山东省临沂风云航空科技有限公司、北京德中天地科技有限责任公司、意大利 Aibotix 无人机制造商为本书的研究提供了宝贵的实验数据。此外，本书的研究还得到了荷兰 ITC 的 George Vosselman 教授、Norman Kerle 教授、Claudio Persello 助理教授、李蒙蒙博士以及德国布伦瑞克工业大学的 Markus Gerke 教授的帮助和支持。同时，作者带领的科研团队成员徐二帅、李功伟和侯泽鹏等也为本书的撰写付出了辛勤的汗水，在此一并感谢。

本书在撰写过程中参阅了大量的专业书籍和文献资料，在此谨向其作者深表谢意。

由于作者水平所限，书中难免有疏漏和不妥之处，敬请读者斧正，不吝赐教。

许志华

于中国矿业大学（北京）

2019 年 8 月 8 日

目 录

01

第 1 章 绪 论

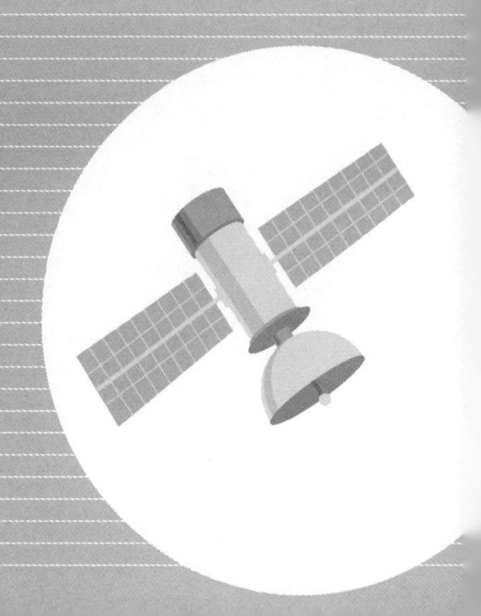

1.1 研究背景与意义

重大地质灾害具有突发性和不可抗性，常给人类社会带来毁灭性的灾难，造成大量的人员伤亡和严重的经济损失，威胁着人类安全和经济发展。我国是重大地质灾害发生最为严重的国家之一，灾害种类多，分布地域广，发生频率高，造成的人员伤亡数目和经济损失严重。研究表明，大多数地质灾害导致的建筑物损毁是造成人员伤亡和财产损失的主要原因。2008 年汶川发生 8.0 级地震，导致建筑物严重损毁，造成近 7 万人死亡，30 多万人受伤，直接经济损失近 7 000亿元（袁一凡，2008）；2010 年玉树县（今玉树市）发生 7.1 级地震，导致完全破坏住房约 251.17 万 m^2，2 220 人死亡，12 146 人受伤，直接经济损失近 25 亿元；2013 年芦山发生 7.0 级地震，导致完全损毁建筑 43.74 万 m^2，近万人死亡，百余万人受伤（李志锋等，2013）。目前，受科技发展水平的限制，人类尚无足够的能力预测、控制或改变地质灾害发生的时间、地点和规模。因此，及时有效的灾场数据获取以及快速准确的建筑物损毁评估是人类应对重大地质灾害的主要手段。

随着卫星、航空及地面等多源观测平台的快速发展，遥感技术已成为灾后快速获取灾情数据的主要手段。然而，遥感技术在重大地质灾害紧急应对以及建筑物损毁评估过程中暴露出诸多问题：

（1）卫星遥感时效性差，灾情评估精度低，航空摄影测量受起降条件和天气状况影响大，机动性差、数据处理周期长。

（2）灾场地物复杂，灾情评估困难：其中，基于目视解译的灾情评估效率低、主观性强；基于多时相变化检测的评估结果受限于灾前数据的可获性；基于灾后影像分类的评估结果受限于采集样本的精度等。

（3）单一传感器平台难以获取完备的灾情信息，多源遥感数据协同利用率低，建筑物损毁评估的可靠性差。

本书针对上述三个问题提出了相应的解决方案，依次为：

（1）提出了基于低空影像的快速三维重建算法，即从低空序列影像中重建出灾场三维点云，并通过简化影像的邻接关系提高重建效率。

（2）提出了联合多特征组合和主动学习的地物分类方法，提高灾场地物分类的精度、效率和场景的可迁移能力。

（3）提出了低空摄影与地面 LiDAR 的联合观测方法，实现了建筑物倾斜检测和损毁评估。

具体实现过程为：

（1）考虑到低空测量的影像数目多、重叠度大的特点，利用低空无人机的飞控数据构建影像拓扑关系图，并结合最小三目视觉匹配的需求，提取影像拓扑骨架图（Skeletal Camera Network，SCN），精简影像匹配范围，指导影像进行快速三维场景重建。

（2）考虑到低空影像重建点云具有 RGB 和三维坐标的特点，提取光谱、纹理和几何等多个特征并通过组合形式构建点云特征描述子；考虑到灾场地物复杂、样本选择费时、可靠性低等问题，引入主动学习的采样策略，提出了样本不确定性—边缘采样（MCLU－MS）方法。

（3）考虑到单一传感器获取灾场地物完备信息存在困难，设计了以低空影像重建为主联合局部地面 LiDAR 扫描的协同观测方法，通过研究空地异源点云的配准方法获取灾场地物的完备三维点云；在空地融合点云的基础上提出了建筑物倾斜检测方法，通过探讨建筑物倾斜角度与其结构损毁程度的关系，给出了遥感灾害应急情况下的建筑物损毁评估参考标准。

该研究成果可望实现对重大地质灾害的快速响应，并及时准确地评估灾害的破坏范围和建筑物损毁程度，可为地灾应急测量与灾情评估一体化管理提供辅助手段和决策支持。

1.2 国内外研究现状

1.2.1 遥感灾害监测系统研究现状

研究表明，联合多源传感的遥感观测系统可获取宏观、准确和连续多样的

灾情数据，可为重大自然灾害的预防与应急救援起到基础性支撑作用。日本在卫星定位系统（Lee 等，2008）、应急通信、数据共享和灾害预警方面发展迅速，建立了基于遥感和通信技术的灾害管理预警系统。北美和欧洲通过搭建包括太空观测站、卫星（Nichol 等，2006；Tralli 等，2005）、航天飞机、中大型无人机（Nagai 等，2009）、地面遥感车、海洋观测船等多传感器遥感平台，实现了对全球范围内的陆地、大气、海洋等各类灾害全方位实时动态监测，建立了功能强大的灾害监测系统。我国已经初步建立了应对重大自然灾害的遥感监测和预警系统（吴立新和李德仁，2006）。其中，以卫星遥感、飞机巡护、视频监控、瞭望观察和地面巡视为主要监测手段，构建了立体式的灾害监测框架，形成了面向森林火险分级预警响应和森林火灾风险评估的技术体系。此外，随着我国环境减灾小卫星（HJ－A、HJ－B）的投入使用，形成了对地质灾害、生态破坏、环境污染进行大范围、全天候的动态监测，为紧急救援、灾害救助及恢复重建提供数据支持。然而，目前 HJ－A、HJ－B 卫星的空间分辨率较低（30 m），平均重访周期长（32 h），尚不能完全满足灾害应急监测的需要。低空无人机灾情观测遥感系统具有成本低、机动性强等优点（见图 1.1），可快速获取高分辨率遥感影像，已成为灾害监测与灾情评估的重要手段（Douterloigne 等，2010；Gademer 等，2010；晏磊等，2004；臧克等，2010；Fernandez Galarreta等，2015；Francesco 等，2019）。在过去的研究中，低空无人机搭载光学传感器多用于环境监测与灾害调查（Douterloigne 等，2010；Gademer 等，2010）。许志华等（2013）研究了联合低空无人机和有人飞机的空基多传感器协同地灾观测系统（见图 1.2），实现了灾情增强观测的目的。近些年来，随着低空无人机系统的快速发展以及立体测量和计算机视觉重建技术的不断完善，基于三维数据的灾害监测与灾情评估系统逐步引起国内外学者的兴趣。然而，关于多源传感器协同的灾害立体测量研究成果尚少，该类研究中还存在多个关键问题需要解决。

图 1.1　低空无人机灾情观测遥感系统

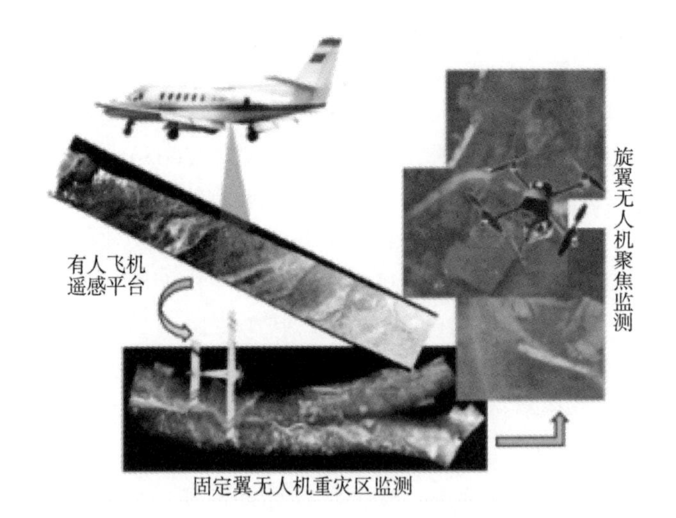

图 1.2　空基多传感器协同观测系统

1.2.2　遥感建筑物损毁评估研究现状

近些年来，遥感技术在重大地质灾害监测和建筑物损毁评估中发挥着重要的作用。对此，国内外学者做了大量研究。依据传感器平台、数据类型、分析方法及观测技术的不同，可以概括为两类方法：基于遥感影像和基于三维数据的建筑物损毁评估方法。

1.2.2.1　基于遥感影像的建筑物损毁评估研究现状

随着卫星和航空影像分辨率不断提高，基于高分辨率遥感影像的灾害监测得到广泛研究，依据影像获取的情况，可概括为两类：基于多时相影像的变化检测方法和基于灾后单时相影像的模式识别方法。在前者的研究中，Adams（2005）以 QuickBird 影像为例采用目视解译的方法确定了严重的建筑损毁区域，并据此设计了合理的救援路线，为紧急施救队伍提供了有效的决策支持。Gamba（1998）较早提出了自动灾情变化检测方法，通过对比地震前后航空影像的色彩差异，确定受损建筑，保证了灾情判别的时效性。Ishii（2002）提出了基于影像颜色差值的变化检测方法，通过设定阈值确定潜在的灾损区域。Turker 和 San（2003）利用 SPOT HRV 近红外波段影像，采用基于亮度差异的变化检测方法，进行地震灾害中的损毁建筑物识别。Rezaeian 和 Gruen（2007）试图利用几何和纹理特征识别震区中的损毁建筑物并尝试对建筑物的结构进行损毁评估。Bruzzone 等（2003）提出了基于分类后比较的地灾监测方法：首先对地灾前后的高分影像进行分类，然后通过对比分类结果的差异识别损毁建筑。为提高灾损识别精度，Benz 等（2004）提出了面向对象的分类方法，通过多尺度分割方法，将具有相似特征的像元进行聚类分析，提高了变化检测的稳定性

和可靠性。

此外，研究者还尝试利用高分辨率遥感像提取灾场地物的几何信息，旨在提高城区建筑物的损毁识别能力（Akçcay 和 Aksoy，2007；Palmason 等，2003；Pesaresi 和 Kanellopoulos，1999）。Tong 等（2013）通过提取建筑物的阴影信息估算建筑物的高度，并依据灾前和灾后建筑物的阴影变化识别损毁建筑物。

随着基础地理数据的可获性增强，研究者还提出了基于灾后影像与灾前城区基础数据的变化检测方法。其中，Miura 和 Midorikawa（2006）利用震后高分影像构建了中高层建筑物的数据库，通过对比地震前后建筑物数据的差异，进行建筑物损毁识别。Shi 和 Hao（2013）利用震前建筑物边界数据确定建筑物范围，采用边缘检测算法提取震后影像中对应区域的建筑物边缘，构造建筑物形状及面积指数，通过对比地震前后建筑物形状和面积的相似度，判断建筑物的损毁情况。

随着合成孔经雷达（SAR）传感器平台的发展，基于 SAR 影像的建筑物损毁评估也得到了广泛研究。其中，Matsuoka 和 Yamazaki（2004）分析了地震前后 SAR 影像后向散射强度的变化特点，发现了严重受灾区域在 SAR 影像上的后向散射系数与其散射强度间的相关性呈显著下降的规律，据此，通过计算灾害前后多时相 SAR 影像强度的差值或比值得到对应的差异图像，并采用监督或半监督分类算法对差异图像进行分类识别，评估损毁建筑物。但是，SAR 影像的后向散射强度受地物类型影响较大，导致不同区域的灾损地物在差异图像中表现的幅值变化较大，为精确建筑物损毁评估带来了困难。随着搭载具有多极化模式 SAR 传感器卫星的发射，如 Terra SAR－X、Radarsat－2、Alospal SAR 和 Senent－1 等以及 SAR 影像分辨率的不断提高，上述问题逐渐得到解决。其中，Marin 等（2015）对建筑物在高分辨率单一 SAR 影像和多时相 SAR 影像上的后向散射机理差异进行了综合分析，提出了基于多时相高分辨率 SAR 影像的建筑物损毁评估方法。Gokon 等（2015）以 2011 年日本地震为例，利用多时相 Terra SAR－X 影像探讨了不同极化方式下建筑物损毁前后的信号差异，并通过统计信号变化比值与建筑物损毁面积的关系对不同损毁程度的建筑物进行定量评估。Chen 等（2016）针对 2011 年日本地震，利用全极化星载 SAR 数据绘制了城市级建筑损毁灾情图。

针对灾害应急较难获取可靠灾前数据的问题，研究者提出了基于灾后影像的建筑物损毁评估方法（Saito 等，2004；Sumer 和 Turker，2006；Yamazaki 等，2007）。该方法首先构造了特征描述子，如形状、体积、面积、纹理、轮廓等，然后采用监督或非监督的分类方法进行建筑物损毁分类与评估。Shinozuka 等（2000）利用灾后 SAR 影像，模拟完好建筑物与损毁建筑物的信号特征，通过对比不同建筑物对 SAR 信号的特征差异识别损毁建筑物。Kaya 等（2005）提出了一种基于震后 SPOT HRVIR 影像的建筑物损毁评估方法，其评估结果与政府统计结果基本一致。Sumer 和 Turker（2006）提出了基于影像灰度和梯度方向变化的建筑物损毁识别方法，探讨了损毁建筑物与完好建筑物在影像灰度和梯度方向的差异。Yamazaki 等（2007）采用两步战略：首先利用 Prewitt 算子提取碎屑边界，然后依据多光谱和上下文信息识别损毁建筑物。Ezequiel 等（2014）初步探讨了利用震后无人机影像进行灾害应急和灾情评估的技术链。Fernandez Galarreta 等（2015）利用震后无人机影像以及影像重建的点云提出了联合面向对象和结构分析的建筑物损毁评估方法。

1.2.2.2 基于三维数据的建筑物损毁评估研究现状

激光雷达（Light Detection and Ranging，LiDAR）和立体影像匹配技术的发展，使得基于三维数据的地灾与建筑损毁监测成为可能。其中，LiDAR 技术是直接获取地物三维信息的有效手段，获取信息主要包括地物的三维坐标和强度信息。Steinle 等（2001）提出了基于航空影像与机载 LiDAR 数据的建筑物损毁识别方法，并构建了损毁建筑的三维模型。在此基础上，Schweier 和 Markus（2004）通过检测多时相三维数据的变化进行建筑物损毁评估，该方法对数据采集的要求较高，用于地震灾害的建筑物损毁评估耗时较多。Altan 等（2001）尝试构建建筑物单元来检测不同地震强度下不同类型的建筑物损毁情况，通过构建关键的结构特征，进行建筑物损毁评估。该方法对建筑物损毁评估的精度较高，但需要获取灾前建筑物详细的结构特征。Rehor（2007）提出了基于机载 LiDAR 数据的严重损毁建筑物评估方法，通过与震前建筑物 CAD 模型对比评估建筑物的结构损毁程度。Schweier 和 Markus（2006）将灾场建筑物的损毁程度进行分类，建立损毁模型数据库，并将分类结果应用于地震伤亡统计和应急管理系统。Labiak 等（2011）提出了基于震后机载 LiDAR 的建筑物分类方法，通过分析损毁建筑物的屋顶坡度来评估建筑物结构的损毁程度。Dong 和 Guo（2012）利用点云数据的三维结构特性，通过构建不规则三角网模拟分析了不同损毁类型建筑物的三维形状差异，并利用形状相似度对损毁建筑进行分类，评估损毁程度。Liu 等（2013）以不同类型的损毁建筑为例验证了上述方法的有效性。Tu 等（2016）利用城区三维地理信息模型对高分辨率遥感影像进行几何纠正，通过对比地震前后建筑物的高度、面积及纹理信息的变化对不同损毁类型的建筑物进行精确评估。

与 LiDAR 技术不同，立体影像匹配技术是基于二维影像间接获取地物三维信息。依据传感器类型的不同，主要分为 3 种方法：有理数函数模型（Rational Polynomial Camera，RPC）、航空摄影测量和计算机视觉。其中，RPC 模型主要处理卫星立体影像，利用卫星的姿态参数建立严格几何模型，采用均匀分布的

同名匹配点集估算 RPC 的模型参数，用于获取影像区域的三维模型。受卫星姿态参数精度低的影响，在无地面控制点条件下重建 RPC 模型存在一定的误差。针对该问题，国内外学者做了大量研究，并取得了一定的成效（刘军等，2006；张永生和刘军，2004）。潘倩（2010）利用 IRS－P5 立体像对生成了震区 DEM，并以 2008 年汶川地震为例进行震区的地形变形分析、地表变化检测等研究。Tong 等（2012）利用 IKONOS 立体像对构建了地震前后灾场的 DEM，通过对比建筑物角点的高程变化确定倒损建筑物。航空摄影测量多采用光束法求解地面三维坐标（刘亚文，2004）。Rezaeian 和 Gruen（2007）利用航空立体影像生成地震前后的灾区 DSM，并通过对比 DSM 的体积变化和轮廓吻合度来评估建筑物损毁程度。然而，传统航空摄影测量常需一定数量的地面控制点，且对相机标定要求高，限制了其在灾害监测中的广泛应用。

基于计算机视觉的三维重建技术不受物体形状限制，可实现全自动或半自动建模，已成为立体测量的重要研究方向。佟帅等（2011）全面介绍了基于视觉技术的影像重建方法及其研究现状。其中，基于单目视觉重建的方法，如明暗度法（Horn，1970）、光度立体视觉法（Woodham，1980）、纹理法（Witkin，1981）、轮廓法（Martin 和 Aggarwal，1983）等，可以从单视点拍摄的图像中提取局部特征（明暗度、纹理、轮廓等），据此推导出深度信息实现三维场景重建。该类方法对设备要求简单，成本低，且算法复杂度低，可满足实时三维重建要求，但其重建过程均依赖假设条件，且受外界条件（如光照、纹理等）的影响，导致算法的通用性差，重建效果不稳定（许志华等，2015）。基于多视点的运动恢复结构（Structure from Motion，SfM）算法（Snavely，2009），可利用一系列相互重叠的影像集，通过特征匹配来恢复相机的姿态参数及三维几何信息。Gerke 和 Kerle（2011）采用 SfM 算法处理机载倾斜影像，生成了 2010 年海地震灾区的三维点云，在此基础上提出了基于监督分类的建筑物损毁评估方法。

近些年来，低空无人机技术得到了飞速发展，因其具有机动性强、成本低和重访周期短的特点而在灾害监测中得到广泛应用。此外，低空影像分辨率高、重叠度大，特别适合计算机视觉三维重建的需求，推动了视觉三维重建技术在灾害监测中的应用。沈永林等（2011）采用计算机视觉原理对低空无人机影像序列进行处理，实现了无地面控制点条件下的滑坡地形三维重建，并对重建模型的精度进行了评估，验证了其在灾害监测中的可靠性。Vetrivel 等（2015）采用两种监督分类方法，提出了基于低空影像重建点云和低空影像的建筑物损毁评估方法。Fernandez Galarreta 等（2015）基于低空无人机影像重建点云提出了系统的建筑物损毁评估方法，其评估精度达到了实地调查评估的水平，为后续建筑物损毁评估提供了参考。

1.2.3 运动恢复结构三维重建技术研究现状

运动恢复结构（SfM）算法属于计算机视觉的研究范畴，是本书研究低空影像三维重建的基础。该算法通过在多幅重叠影像中检测匹配特征点集，采用数值方法恢复出相机参数（位置、姿态）与场景三维信息。早期研究者参照视差原理利用两幅影像的少量匹配点对恢复出对应点的三维信息（Longuet-Higgins，1987；Ullman，1979）。随着对影像视觉重建需求的增加，众多学者对 SfM 算法做了大量研究，使得 SfM 算法逐渐完善（D'Apuzzo，2003；Pollefeys 等，2000；Tomasi 和 Kanade，1992）。该算法主要包括 4 个步骤：输入图像、特征提取、特征匹配和恢复重建（见图 1.3）。其中，特征提取是在影像中检测需匹配的特征点集，常用的算法有 SIFT 算法（Lowe，1999，2004）、SURF 算法（Bay 等，2006）和其改进算法（Ke 和 Sukthankar，2004）等。特征匹配是 SfM 算法的核心部分，用来确定不同影像之间的同名匹配点，继而建立影像之间的几何约束关系。恢复重建是采用三角化技术对匹配的特征点集进行优化，通过最小化同名匹配点的重投影误差，计算出相机参数和同名匹配点的三维点坐标。由于 SfM 算法在重建过程中可实现相机自标定，对影像要求低，且不依

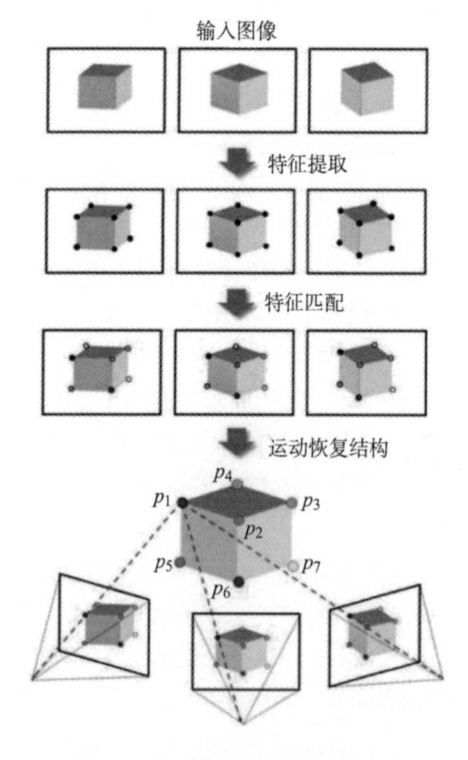

图 1.3 运动恢复结构算法流程图

赖于特定假设条件，通用性好，已被广泛应用于文物保护（El-Hakim 等，2004）、城区规划（Carozza 等，2014）、虚拟现实（Feng 等，2014）及灾害应急管理（Bulatov 等，2014；Wilson 等，2018）等领域。

然而，SfM 算法的重建耗时随着处理影像数目的增多呈二次幂指数增长，导致处理大数据影像集时效率低。分析表明，引起耗时增多的因素主要有两方面：

（1）冗余匹配：目标影像中的特征点遍历搜索全局待匹配影像产生大量冗余匹配；

（2）迭代平差：新增匹配影像与已重建影像的迭代平差。

目前，国内外学者对后者的研究较多，例如，Snavely 等（2008）采用图论方法简化了特征匹配后的影像连接关系，约束影像迭代平差的数量，实现了“一日罗马”快速三维重建。Toldo 等（2015）根据特征匹配后的影像邻接关系及特征点分布情况对影像集进行分块，减少了单次重建过程中的影像数目；然后基于每块数据集中影像特征点的连接关系进行影像迭代平差和恢复重建。该方法通过减少大数据量影像的迭代平差耗时，达到提高 SfM 重建效率的目的。大量实验表明，在 SfM 算法的整个环节中，影像遍历匹配的耗时最为显著。因此，针对大数据量影像重建，提高其重建效率的最有效方法是解决影像间遍历匹配的问题。针对该问题，国内外学者已有一些研究。其中，一种有效的手段是在特征匹配之前对影像集的拓扑关系进行预判，构建影像邻接矩阵（Topologically Connected Network，TCN），以此作为影像匹配的索引，约束特征匹配的搜索范围，避免冗余匹配。针对该类问题，常用的方法有：

（1）间接索引法，如词汇树法（Chum 等，2007）和降采样特征匹配法。

（2）直接分析法，如相对定向法（Rupnik 等，2015）和 GPS 定位法（Douterloigne 等，2010）等。

此外，Wu（2011）采用 GPU 并行技术提出了 VisualSfM 算法，提高了三维重建效率；Furukawa（2007）提出了多目视觉的致密点云重建算法（Dense Multi-View 3D Reconstruction，DMVR），在 SfM 算法重建稀疏点云的基础上提高了点云密度。近些年来，相关的开源软件和商业软件相继出现（见表 1.1），使得人们利用数码相机获取地物的三维信息变得越来越容易。然而，当前针对低空无人机影像的三维重建软件尚少，即使 Micmac、Pix4D、Photoscan 和 Pixel Grid 软件具有处理低空影像的能力，但与三维重建效率方面的要求尚有较大的距离，这在大区域灾场三维重建中尤为重要。

表 1.1　运动恢复结构软件系统归纳

软件名称		发明者	功能及特点
开源软件	Bundler	Snavely（2010）	处理有序或无序重叠影像，获取相机的姿态和场景的稀疏点云，尤其对处理互联网图片集具有一定优势
	VisualSfM	Wu（2011）	采用 GPU 并行技术，提高 SIFT 特征提取和匹配效率，生成稀疏点云；集成了 PMVS 算法，生成致密点云
	Micmac	Pierrot-Deseilligny（2012）	功能齐全，主要用于特征匹配、影像纠正和致密点云生成等，广泛应用于文物保护和航空摄影测量
	SURE	Wenzel（2013）	集成了 SGM 和 PMVS 算法，主要用于生成场景致密点云
	123 catch	Autodesk（2012）	提供网络在线服务，主要用于 3D 打印；提供整套影像纠正和三维建模功能
	ReCap 360	Autodesk（2013）	功能与 123 catch 类似，主要用于网络服务，并提供简化免费版本，可处理小数据影像集
商业软件	Photomodeler	EOSsystems（1994）	集成了近景摄影测量的研究成果，提供人机交互模式，实现手动、半自动或全自动的三维建模
	Agisoft Photoscan	Photoscan（2011）	处理无序或有序影像集，具有相机自标定、正射影像生成和三维建模等功能
	Pix4D Acute3D	Pix4D（2013）	针对无人机影像处理，集成了 GPS/INS 分析功能，生成场景三维点云和正射影像
	Zephyr	3DFLOW（2013）	采用 CUDA 并行算法，实现影像和视频帧数据的三维重建，广泛用于虚拟现实、遗产保护和航空摄影测量领域
	Pixel Grid	四维数码（2013）	处理星载立体影像、航空影像和低空无人机影像，可实现少控制点条件下的空中三角测量，生成测绘产品，如 DSM、DEM 和 DOM 等

1.2.4　多源数据融合及其建筑物损毁评估研究现状

多源数据融合始于20世纪70年代，期望利用多源信息获得较单源信息更准确的结果（Hall和Llinas，2001）。多源数据融合可提高灾情监测能力，具体表现在：

（1）增加测量维数和置信度，提高容错性能，改进系统的可靠性和可维护性；

（2）扩展遥感观测的空间和时间覆盖范围，提高灾情观测数据的时空分辨率；

（3）改进探测性能，增加地灾响应的有效性，增强单一传感器获取地灾数据的能力。

国际上对数据融合技术的学术研究不断深入。自20世纪80年代末起，美国每年举行两个关于数据融合领域的会议，分别由美国国防部联合指导实验室C3I技术委员会和国际光学工程学会（SPIE）赞助召开。1998年成立了国际信息融合协会（ISIF），同年由NASA研究中心、美国陆军研究部、IEEE信号处理学会、IEEE控制系统学会、IEEE宇航和电子系统学会发起每年召开一次的信息融合国际会议，使全世界有关学者都能及时了解和掌握信息融合技术发展的新动向，促进了信息融合技术的发展（刘严岩，2006）。

随着多源遥感数据在地震灾损评估中的广泛应用，联合多源传感器的灾害监测和建筑物损毁评估得到广泛研究（Baltsavias，2004；Vu等，2009）。其中，基于机载LiDAR点云与高分辨率卫星/航空影像融合的研究较多。例如，Li等（2008）利用航空立体影像确定灾损建筑轮廓，然后基于LiDAR点云构建建筑三维模型，通过对比地震前后三维模型的差异评估建筑结构损毁程度。此外，融合SAR数据与光学影像的建筑物损毁评估也取得了丰硕成果。当前对多源遥感数据的灾害测量和建筑物损毁评估多以遥感影像和机载LiDAR融合为主，而针对多源三维数据的融合研究较少。Xu等（2014b）以单体损毁建筑物为例，研究了低空影像重建点云和地面LiDAR扫描点云的融合方法，获取了建筑物完备的三维信息，用以评估损毁建筑物的倾斜程度。

对三维数据的融合多采用点云配准方法，主要分为两类：

（1）特征匹配法（Faugeras和Hebert，1986；Stein和Medioni，1992）：通过选取离散的同名匹配点直接估算刚性转换参数。该类方法操作简单，但受限于同名特征选取的精度，较适于地物特征明显的区域。

（2）迭代最近点（ICP）算法（Besl和McKay，1992；Chen和Medioni，1992）：该算法首先需确定不同点云坐标系中同名点的匹配范围，然后通过迭代最小化这些对匹配点之间的距离优化转换参数，实现点云配准。由于该算法可能导致局部最优，众多学者对该算法进行了改进(Dorai 等，1998；Dorai 等，1997；Eggert 等，1998；Zhang，1994；Yang 等，2016)。

实际应用中多采用由粗到精的点云配准方法，即先利用特征匹配方法估计初始转换矩阵，然后使用 ICP 算法迭代求精（Bae 等，2005；Barnea 和 Filin，2008；Brenner 等，2008；Stamos 和 Leordean，2003；翟瑞芳，2006）。此外，随着影像匹配技术的发展，研究者还尝试通过影像匹配辅助点云配准。其中，基于局部不变量的影像特征对光照、环境和几何畸变等因素具有较强的鲁棒性，逐渐引起研究者的兴趣。典型特征提取算法包括 SIFT、SURF（Bay 等，2006）、PCA－SIFT（Ke 和 Sukthankar，2004）等。Han 等（2013）提出了基于特征匹配的点云配准方法，其过程包括三步（见图 1.4）：首先对多站扫描过程中获取的同步影像提取特征点，并通过相似度判断建立特征匹配关系；然后利用影像与扫描仪的姿态关系，将匹配的特征点二维映射到点云三维空间；最后利用映射后的匹配点计算多站点云之间的转换参数，完成多站点云配准。

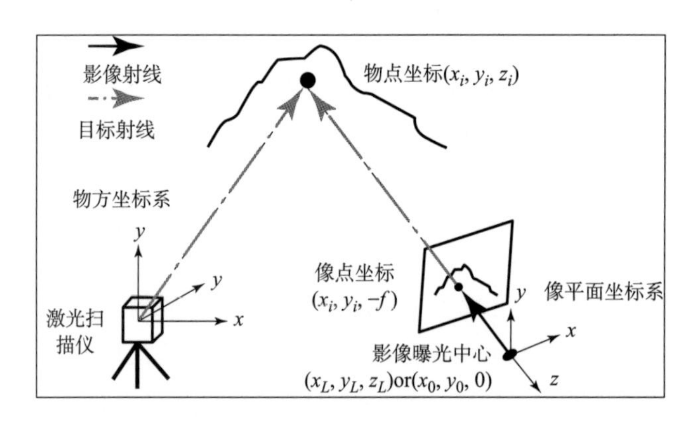

图 1.4　基于影像匹配的 LiDAR 点云配准方法

本研究分析认为：遥感技术的快速发展为获取多源灾情数据提供了保证，同时也为研究有效的遥感灾害监测系统提供了良好契机。然而，现有遥感灾害监测系统仍存在灾情解译精度差、数据处理效率低、多源数据融合困难、自动化程度低等问题，急需提出有效的改进方法。针对传统遥感影像对灾情评估精度低的问题，基于三维数据的灾情评估方法是灾害应急评估的趋势。为此，不受场地和云层遮挡限制、机动灵活的低空无人机测量与地面 LiDAR 扫描技术可实现多层次、多角度的协同观测，是获取灾场三维信息服务固体地质灾害应急的可行途径。然而，建立高效、可靠的灾害应急监测体系，实现基于多源数据融合的建筑物损毁评估系统，亟需研究以下几个关键技术：

（1）基于低空影像的快速三维场景重建：SfM 算法对影像传感器要求低，

可利用多角度拍摄的影像序列生成无地面控制点条件下的三维点云，为基于低空影像的灾场三维重建提供了理论基础。然而，SfM 算法的重建耗时随影像数目的增多而呈二次方规律增长，限制了其处理大数据影像集的时效性。为此，提高 SfM 算法效率，保障灾场快速三维重建的高时效性是本研究的首要任务。

（2）基于低空影像重建点云的灾场地物分类：快速、准确的灾场地物分类是灾害应急与灾情分析的重要内容，其结果对于建筑物损毁评估具有一定的指导意义。低空影像重建点云包含了地物的 RGB 和三维信息，为灾场地物分类提供了数据保障。研究表明，特征构建和样本采集是影响灾场地物分类精度的两个关键要素。为此，构建顾及光谱、纹理和几何等信息的点云特征描述子，提高灾场地物的可分性是本书的重要研究内容；针对灾场复杂和样本采集困难等问题，研究高效、优化的采样方法是保证灾害应急时效性和灾场地物分类精度的必要手段。

（3）空地异源点云融合：获取完备的三维数据是建筑物损毁评估的研究基础。针对单一传感器较难获取地物完备三维信息的问题，亟需设计合理的多源传感器的协同观测方法。从数据采集的角度分析，联合多角度、多层次的低空影像重建与局部地面 LiDAR 扫描是快速获取灾场建筑完备三维点云的有效途径。为此，研究有效的空地异源点云融合方法是保障建筑物损毁评估的关键内容。

（4）建筑倾斜检测与损毁评估：从灾害立体测量的角度分析，判断灾场建筑物倾斜与否是评估建筑物损毁的主要手段。因此，研究基于空地融合点云的建筑物倾斜检测方法是遥感灾害测量条件下建筑物损毁评估的重要课题；此外，探讨不同结构类型建筑物倾斜角度与其损毁程度之间的关系，有望为遥感应急测量下的建筑物损毁评估提供新的参考标准。

1.3 研究目的及本书内容

1.3.1 研究目的

针对当前卫星遥感时效性差、灾情解译精度低，传统航空测量对起降场地条件和天气状况要求较高、机动性差、数据处理周期长以及空地信息不能有效融合等问题，本书面向固体地质灾害，旨在设计低成本、机动式的空地异源传感器协同灾害观测系统。具体研究基于低空无人机影像的灾场快速三维重建方法，增强灾情判读能力，保证灾害应急的时效性；研究基于低空影像重建点云的灾场地物分类方法，提升灾害制图效果；搭建低空无人机与地面 LiDAR 联合观测实验场，设计空地异源点云融合方法，服务于建筑物倾斜检测与损毁评估；最终形成空地多源灾情遥感数据获取及快速处理、灾场地物分类、异源点云融合和建筑物损毁评估的整套方法与关键技术，提升遥感灾害观测和建筑物损毁评估的能力。

1.3.2 本书内容

本书主要有三个研究内容。

第一，提出一种顾及影像拓扑骨架的低空影像快速三维重建方法。

无人机影像具有像幅小、重叠度高的特点，导致大区域灾场航摄获取的影像数量多，数据处理效率低，无法满足灾场应急需求，为此，本研究提出了利用影像邻接关系解决灾场三维重建效率低的方案，其基本技术思路是：

（1）针对 SfM 算法遍历影像匹配的问题，利用无人机获取的飞控数据构建影像拓扑关系 TCN。

（2）针对大数据低空影像集重叠度高的特点，分析多目视觉重建算法对影像匹配数目的最小需求，创新地提出了一种分层度约束的最大生成树算法，采用分层迭代的优化策略，删除 TCN 中的冗余边，提取影像拓扑骨架（Skeletal Camera Network，SCN）。

（3）提出了顾及影像拓扑骨架的运动恢复结构（SCN - SfM）算法，解决了影像冗余匹配的问题，提高了大数据低空影像三维重建的效率，保障了大区域灾场应急测量的时效性。

第二，研究基于低空影像重建点云的灾场地物分类方法。

灾场地物分类是灾情分析的重要内容，其分类结果可为建筑损毁评估提供参考。研究表明，影响地物分类精度的因素主要有两个：特征构建和样本采集。为此采取如下步骤：

（1）利用低空影像重建点云包含 RGB 和三维信息的特点，构建了兼顾光谱、纹理和几何特征的点云特征描述子，提高了灾场地物的可分性。

（2）提出了基于多类不确定性—边缘采样的主动学习算法，优化了复杂灾场条件下的采样机制，提高了训练样本采集的效率和分类精度。

（3）采用了顾及空间关系和上下文信息的分类后优化策略，进一步提升灾场地物分类的可靠性。

第三，实现基于空地异源点云的建筑物倾斜检测和损毁评估。

建筑物损毁评估是灾情分析的关键内容，对评估经济损失、指导灾后重建具有重要意义。从遥感立体测量的角度出发，倾斜检测可作为建筑物损毁评估的可靠手段。针对单一传感器较难获取灾场建筑物完备信息的问题，本书设计了联合低空无人机立体测量与地面 LiDAR 扫描的协同观测模式。主要思路包括：

（1）采用由粗到精的点云配准方法，实现对空（低空影像重建）地（地面 LiDAR 扫描）异源点云的无缝融合，确保获取灾场建筑的完备三维信息。

（2）针对灾场建筑的点云信息，以点云分割获取灾场建筑屋顶面片，估算建筑物主体结构的法向量，实现建筑物的倾斜度检测。

（3）结合实际案例，探讨不同结构类型建筑物的倾斜角度与其损毁程度之间的关系，从遥感立体测量的角度提出了建筑物损毁评估的参考标准。

1.4 研究方法与技术路线

本书面向重大地质灾害，以摄影测量、遥感、计算机视觉、拓扑学、图论、机器学习与模式识别等学科为基础，采用低空无人机测量为主、局部地面 LiDAR 扫描为辅的空地协同观测手段，重点解决低空影像快速三维重建、灾场地物分类、空地异源点云融合、建筑物倾斜检测以及结构损失评估等关键问题。图 1.5 为本书研究的技术路线。本书研究首先解决了低空影像三维重建效率低的问题，创新地提出了顾及影像拓扑骨架的运动恢复结构（SCN - SfM）算法，大幅提升了低空影像三维重建的效率，并测试了 SCN - SfM 算法重建点云的完整性和精度；然后，利用影像重建点云具有 RGB 和三维信息的优势，提出了基于多特征组合和 MCLU - MS 主动学习的灾场地物分类方法，解决了复杂灾场环境下的地物分类问题；针对低空测量较难获取灾场建筑完备三维信息的问题，设计了辅以局部地面 LiDAR 扫描的空地协同观测方法，并提出了由粗到精的空（低空影像重建）地（地面 LiDAR 扫描）异源点云融合方法；在此基础上，提出了基于空地融合点云的建筑物倾斜检测方法；最后，探讨了不同结构类型建筑物倾斜角度与其损毁程度之间的关系，从遥感立体测量的角度提出了建筑物损毁评估的参考标准，为实际灾害应急测量与建筑物损毁评估提供参考。

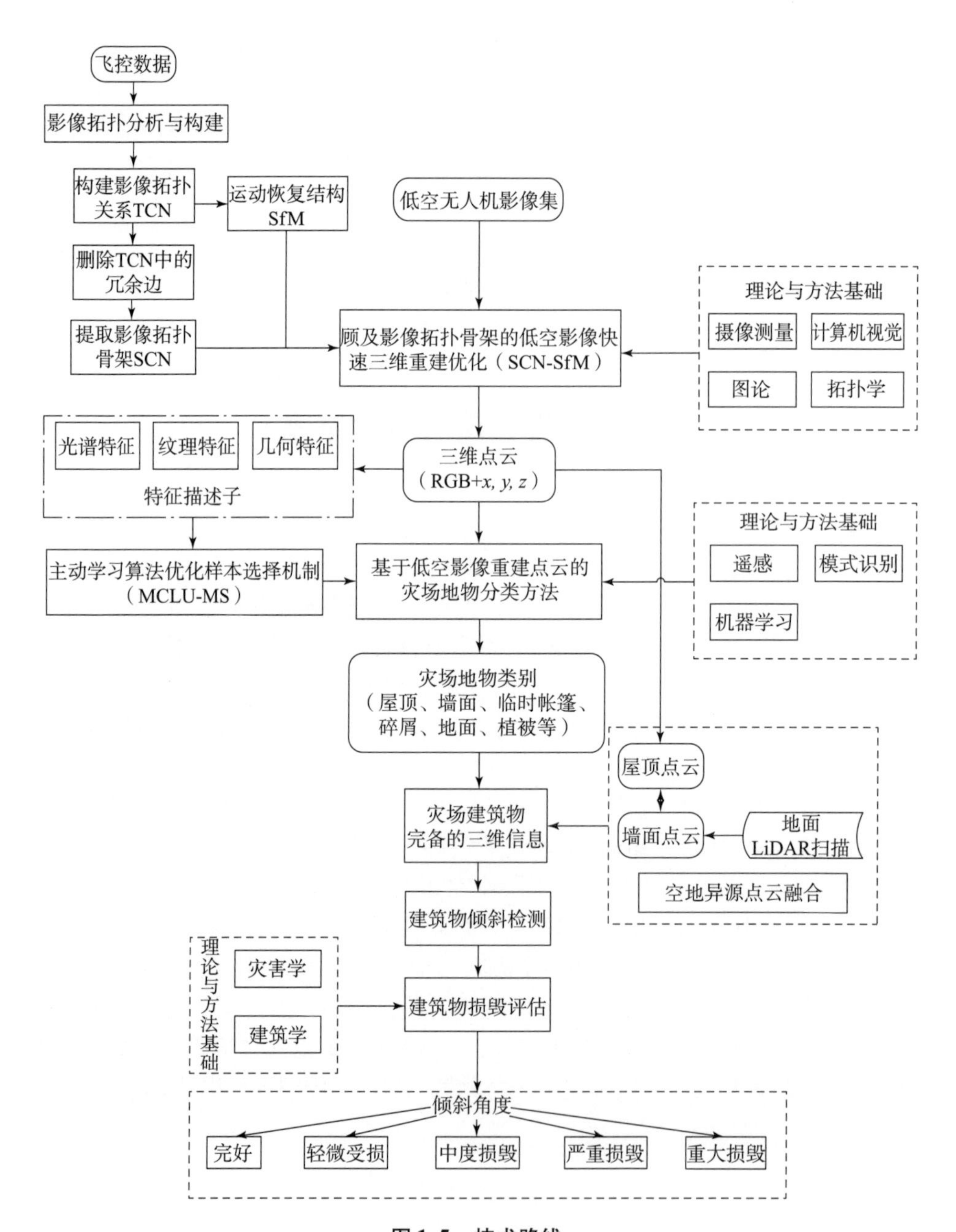
飞控数据
影像拓扑分析与构建
构建影像拓扑关系TCN
运动恢复结构SfM
删除TCN中的冗余边
提取影像拓扑骨架SCN
低空无人机影像集
顾及影像拓扑骨架的低空影像快速三维重建优化（SCN-SfM）
理论与方法基础
摄像测量
计算机视觉
图论
拓扑学
光谱特征
纹理特征
几何特征
特征描述子
三维点云（RGB+x, y, z）
理论与方法基础
遥感
模式识别
机器学习
主动学习算法优化样本选择机制（MCLU-MS）
基于低空影像重建点云的灾场地物分类方法
灾场地物类别（屋顶、墙面、临时帐篷、碎屑、地面、植被等）
屋顶点云
墙面点云
地面LiDAR扫描
空地异源点云融合
灾场建筑物完备的三维信息
建筑物倾斜检测
理论与方法基础
灾害学
建筑学
建筑物损毁评估
倾斜角度
完好
轻微受损
中度损毁
严重损毁
重大损毁

图 1.5　技术路线

02

第2章

顾及影像拓扑骨架的低空影像快速三维重建方法

快速、准确的大场景三维重建技术可为灾害测量和灾情评估提供重要的决策依据。基于低空无人机影像和 SfM 算法的三维重建技术已逐渐用于地质灾害测量和建筑物损毁评估研究（Lucieer 等，2013；Vetrivel 等，2015；许志华等，2015）。然而，大范围的灾场测量获取影像数目多，重叠度大，导致利用 SfM 算法处理该类影像集的效率低，降低了灾害应急测量的时效性。虽然构建影像拓扑可以解决 SfM 算法遍历匹配影像的问题，提高重建效率（Rupnik 等，2014；Rupnik 等，2015；许志华等，2015），但其无法解决小重叠度影像间的冗余匹配问题。如图 2. 1 所示，低空航线中包含较大比例的小重叠度邻接影像，这类

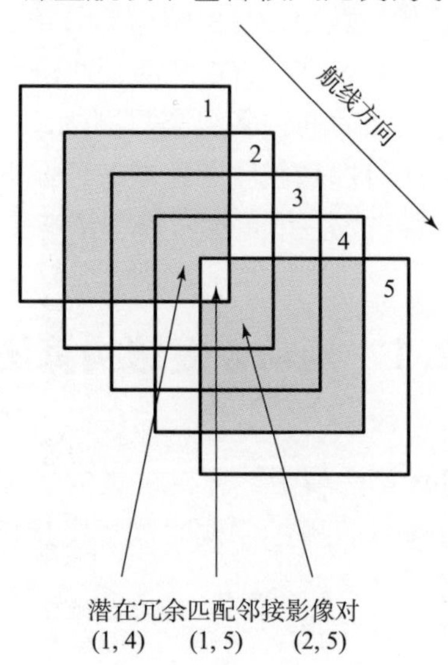

图 2. 1　低空邻接影像序列示意图

影像匹配耗时多、对重建贡献小且可能增加重投影误差而降低重建模型的精度(Snavely, 2009)。虽然通过设定阈值(如最小重叠度)可在一定程度上减少冗余匹配(Agisoft, 2016; Douterloigne 等, 2010),但是受飞控精度、环境(主要是风)、相机曝光时间、航线设置等因素影响,难以设定合适的阈值,导致该类研究普适性差。

为克服上述困难,本书首先提出了一种基于飞控数据的影像拓扑关系 TCN 构建方法,然后创新地提出了一种基于分层度约束的最大生成树(Hierarchinal Degree Bounded MST, HDB - MST)算法,通过迭代删除 TCN 中的冗余边提取影像拓扑骨架 SCN。该算法在最大生成树(Maximum Spanning Tree, MST)的基础上加入了最小度约束(Gouveia 等, 2014),保证了最小三目视觉的匹配需求;同时,删除冗余边的过程依据影像邻接关系对影像进行分层,使 SCN 保留了原 TCN 的空间结构;此外,为保证影像邻接的空间连续性,本书研究在 SCN 提取过程中加入了连通性的约束条件(Katagiri 等, 2012);最后,提出了顾及影像拓扑骨架的运动恢复结构(SCN - SfM)算法,利用 SCN 约束影像匹配范围,解决了影像重建中的冗余匹配问题。本书研究通过多组实验测试了上述方法的有效性。其中,对 HDB - MST 算法的测试得出以下结论:

(1) 通过 3 个对比因子充分验证了该算法具有极强的鲁棒性。

(2) 骨架提取过程中同时兼顾了保留邻接边的数目、边权重和拓扑结构性,提取的 SCN 具有很强的稳定性。

(3) 骨架提取过程迭代次数少,且保留边的数目随迭代次数增多呈指数下降,具有极强的收敛性。针对 SCN - SfM 算法,本研究首先验证了其对特殊航线影像三维重建的可靠性,然后通过多组实验测试,并与其他 3 种 SfM 算法进行对比,全面评估了该算法对提高影像匹配效率,保证重建模型的完整性和精度的有效性,可满足大场景灾场三维重建对模型精度和时效性的需求。

2.1 运动恢复结构算法

运动恢复结构(SfM)算法属于计算机视觉的研究范畴,是指从不同角度获取且未经校正的二维图像或视频帧中同时恢复出相机姿态参数和场景三维结构的过程。其基本原理如图 2.2 所示。

运动恢复结构算法简述如下:

(1) 通过特征点提取和匹配确定同名匹配点。设 $m_{k-1} \leftrightarrow m_k$ 为两邻接影像中的一对同名匹配点,齐次坐标分别为 $(x, y, 1)$ 和 $(x', y', 1)$,对应现实地物点 m,则匹配点满足对极几何约束:

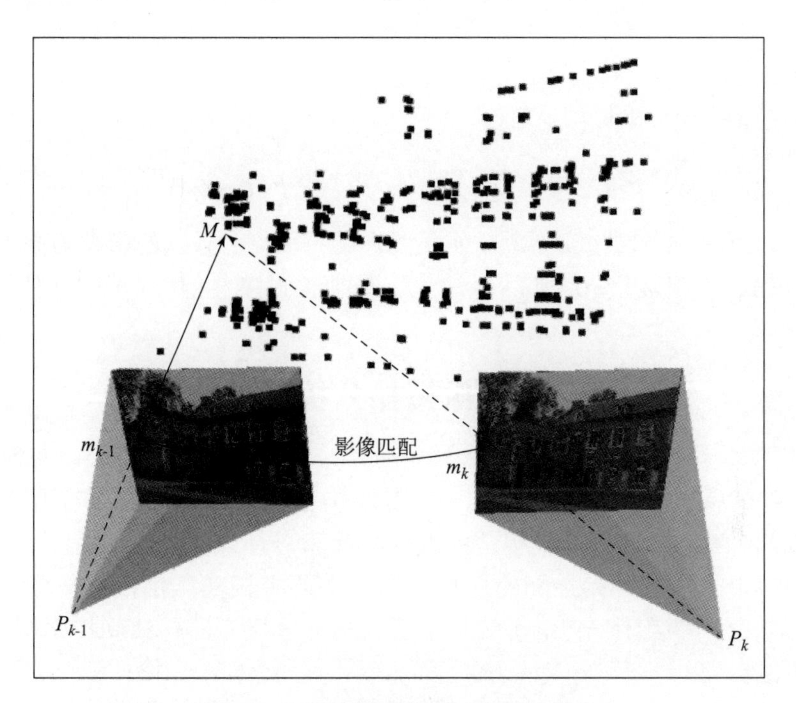

图2.2　运动恢复结构算法原理示意图

$$[x \quad y \quad 1]F\begin{bmatrix} x' \\ y' \\ 1 \end{bmatrix}=0 \tag{2-1}$$

其中，F 为 3×3 的基本矩阵，自由度为7，$\mathrm{rank}(F)=2$。

（2）运动恢复结构。

定义：

①c_i：相机位置，表示为 $[x_i \quad y_i \quad z_i]^{\mathrm{T}}$；

②R_i：相机旋转参数，表示为 3×3 矩阵；

③t_i：相机平移参数，可用相机旋转参数和位置表示为 $-R_ic_i$；

④K_i：相机内参数矩阵，包括焦距 f_i 和两个畸变参数 k_{i1} 和 k_{i2}；

⑤C_i：相机参数，包含上述所有待求参数，表示为 $C_i=\{c_i, R_i, f_i, k_{i1}, k_{i2}\}$；

⑥X_j：任意空间三维点，经过投射变换在影像平面的像点记为 x_j；

⑦P_i：投影矩阵，包含畸变误差在内的所有待求相机参数，表示为 $P_i=K_i[\mathrm{R}_i \mid t_i]$；

⑧$P(\mathrm{C}_i, X_j)$：表示点 X_j 到相机 C_i 的投影矩阵。

设相机参数为 $C=\{C_1, C_2, \cdots, C_n\}$，点云坐标为 $X=\{X_1, X_2, \cdots,$

$X_m\}$，采用透视投影，将点云坐标投影到像平面坐标系，投影误差设为 $g(C, X)$。运动恢复结构是指通过非线性最小化 $g(C, X)$，估算相机 C 的参数信息和点云 X 的三维坐标：

$$g(C,X) = \sum_{i=1}^{n} \sum_{j=1}^{m} \omega_{i,j} \| q_{i,j} - P(C_i, X_j) \|^2 \tag{2-2}$$

式中，n 为相机拍摄数或影像数，m 为精匹配特征点个数，若点 X_j 在影像 i 上，则 $\omega_{i,j}=1$，否则 $\omega_{i,j}=0$，$\| q_{i,j} - P(C_i, X_j) \|^2$ 为点 X_j 在相机 C_i 中的投影误差。

2.2 影像拓扑分析与构建

拓扑关系是明确空间关系的一种数学方法，常被用来描述空间点、线、面之间的关系和属性，实现相关的查询和检索。在地理信息系统中，影像拓扑关系属于简单面目标之间的拓扑关系，主要有相离、相接、交叠、相等、覆盖、包含、覆盖于、包含于等。常用的拓扑分析方法包括间接索引法和直接分析法。

2.2.1 间接索引法

间接索引法是通过判断影像间是否存在同名标识物或同名点来确定影像是否邻接的过程。常用的方法有面向对象的目标检索方法和降采样特征匹配法。针对前者的研究中，利用词汇树索引的方法研究广泛（Chum 等，2007；Nister 和 Stewenius，2006；Philbin 等，2007；Sivic 和 Zisserman，2003）。Sivic 和 Zisserman（2003）首次采用文本检索的方法解决视频帧影像的匹配问题，其过程可概况为三步：对视频帧影像进行特征提取；采用聚类算法对特征进行聚类并构建视觉词汇；最后通过文本检索方法，进行词汇匹配（Harris，1954；Sivic 和 Zisserman，2009）。Nister 和 Stewenius（2006）在此基础上提出了一种高效的视觉词汇构建方法，提升了处理大数据影像集的能力。Philbin 等（2007）加入了地物分布的空间约束，提高了目标匹配精度。此外，Chum 等（2007）设计了一种迭代匹配模型，提高了词汇检索的效率和精度（见图 2.3）。

降采样特征匹配法可概况为三步：影像降采样与特征提取，遍历影像匹配，依据匹配特征的分布范围构建影像邻接矩阵（Alsadik 等，2015）。

综合分析：间接索引法不依赖额外辅助数据，操作简单，适用于处理无序拍摄的影像集或视频帧影像序列，在计算机视觉领域研究较多。但该方法构建影像拓扑的过程需要遍历搜索影像，处理大数据影像集的效率较低。

图 2.3　利用面向对象的词汇树匹配建立影像邻接关系

2.2.2　直接分析法

直接分析法主要用于航空测量，是利用拍照时获取的辅助数据分析影像拓扑关系的过程。Douterloigne 等（2010）利用无人机航拍过程获取的 GPS 数据，通过航拍影像的基高比和飞行速度，粗略构建了正射影像集的拓扑关系。Rupnik 等（2015）利用精准 GNSS/INS 数据构建了倾斜影像的拓扑关系，用于指导影像匹配。

与上述方法类似，本研究提出了一种联合飞控数据定位和拓扑分析的影像拓扑构建方法，具体包括以下五部分内容。

2.2.2.1 飞控数据转换

低空无人机搭载的飞控系统，主要包括 GPS 模块、微型机械陀螺仪（Micro Electro Mechanical Systems，MEMS）和数据传输线路等，可直接获取相机曝光时刻影像的空间位置和姿态信息，本研究称为飞控数据。区别于 Rupnik 等（2015）所用的 GNSS/INS 信息，飞控数据中的传感器姿态角为 MEMS 本体坐标系在导航坐标系中的侧滚、俯仰和偏航（Φ，Θ，Ψ）。要想得到地摄坐标系相对于像空间坐标系的外方位角元素（ψ，ω，κ）需通过五步坐标变换：成图坐标系（m）→地心坐标系（e）→局部地理坐标系（g）→MEMS 坐标系(b)→传感器坐标系（c）→像空间坐标系（i）（刘军等，2004）。为便于描述，本研究参照文献（刘军等，2004）对飞控数据转换过程中所涉及的坐标系进行定义，在此不再赘述。成图坐标系（m）到像空间坐标系（i）的旋转矩阵可表示为：

$$C_i^m(\psi, \omega, \kappa) = C_e^m C_g^e C_b^g(\Phi, \Theta, \Psi) C_c^b C_i^c \tag{2-3}$$

式中，C_c^b表示从 MEMS 坐标系（b）到传感器坐标系（c）的旋转矩阵。由于 MEMS 坐标系（b）与传感器坐标系（c）之间的夹角为安装系统误差，对判断影像拓扑关系影响较小，因此本研究在坐标转换过程中忽略旋转矩阵 C_c^b，将公式（2-3）简写为：

$$C_i^m(\psi, \omega, \kappa) = C_e^m C_g^e C_b^g(\Phi, \Theta, \Psi) C_i^c \tag{2-4}$$

2.2.2.2 计算影像角点坐标

以某拍照时刻飞机位置在地面的投影作为原点，以飞行航向为 X 轴，垂直 X 轴向右的为 Y 轴，大地高方向为 Z 轴建立地摄坐标系，依据公式（2-5）计算每张影像 4 个角点的地摄坐标值：

$$\begin{cases} X = (Z - Z_s)\dfrac{a_1 x + a_2 y - a_3 f}{c_1 x + c_2 y - c_3 f} + X_s \\ Y = (Z - Z_s)\dfrac{b_1 x + b_2 y - b_3 f}{c_1 x + c_2 y - c_3 f} + Y_s \end{cases} \tag{2-5}$$

式中，$(Z - Z_s)$为影像相对地面高度，X、Y 为影像某角点在地摄坐标系中的坐标。影像集可用角点坐标表示为：

$$P = \{V_{ij}(X_{ij}, Y_{ij}), 1 \leqslant i \leqslant n, 1 \leqslant j \leqslant 4\} \tag{2-6}$$

式中，n 为影像数，V_{ij}表示第 i 张影像的第 j 个角点坐标。

2.2.2.3 面—点拓扑分析

依据公式（2-7）分析影像（面）与其他影像角点（点）的拓扑关系：

$$T(P,V) = \begin{cases} 1, & SP = S_{\Delta V_{P12}V} + S_{\Delta V_{P23}V} + S_{\Delta V_{P34}V} + S_{\Delta V_{P41}V} \\ 0, & SP \neq S_{\Delta V_{P12}V} + S_{\Delta V_{P23}V} + S_{\Delta V_{P34}V} + S_{\Delta V_{P41}V} \end{cases} \tag{2-7}$$

式中，$T(P, V)=1$ 为面 P 与点 V 的“包含”关系，$T(P, V)=0$ 为面 P 与点 V 的“非包含”关系。如图 2.4 所示，$T(P_a, V_{b1})=1$，$T(P_a, V_{c1})=0$。

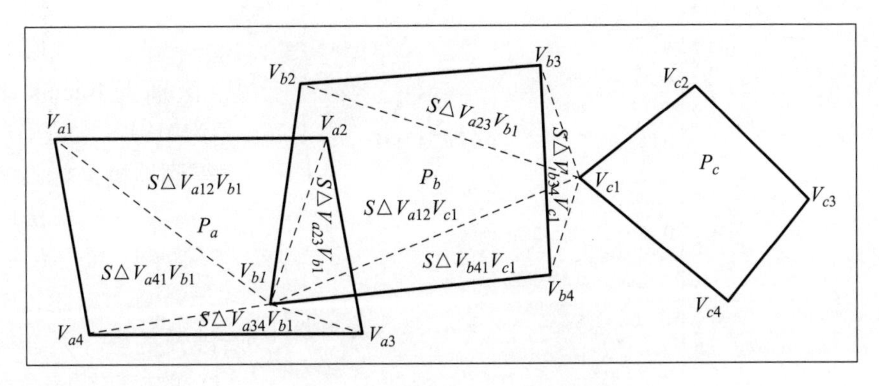

图 2.4　影像拓扑分析示意图

2.2.2.4　面—面拓扑分析

面由点顺序连接而成，面—面拓扑关系可依据面与其他面的角点拓扑关系进行分析。将面—点的“非包含”关系等价为影像间的“非邻接”关系，即相离；将面—点“包含”关系等价为影像间的“邻接”关系，即相接、交叠、相等、覆盖、包含、覆盖于、包含于等。据此，影像间的拓扑关系为：

$$T(P_i,P_l)=\begin{cases}1, & \sum_{j=1}^{4}T(P_i,V_{lj})+\sum_{j=1}^{4}T(P_l,V_{ij})\neq 0\\0, & \sum_{j=1}^{4}T(P_i,V_{lj})+\sum_{j=1}^{4}T(P_l,V_{ij})=0\end{cases}\tag{2-8}$$

式中，$T(P_i, P_l)=1$ 表示影像P_i与影像P_l为“邻接”关系，$T(P_i, P_l)=0$ 表示影像 P_i 与影像 P_l 为“非邻接”关系，如图 2.4 所示，$T(P_a, P_b)=1$，$T(P_b, P_c)=0$。

2.2.2.5　构建影像拓扑关系图

依次判断全体影像之间的拓扑关系并计算“邻接”影像的重叠度，将影像集抽象为点集 $V=\{v_1, \cdots, v_n\}$，影像间的“邻接”关系抽象为边集 $E=\{e_{i,j}: i, j=1, \cdots, n; c_{i,j}=1\}$，构建影像拓扑关系图 $G=(V, E)$。其中，$c_{i,j}=1$ 表示 v_i和 v_j为“邻接”关系，$c_{i,j}=0$ 表示 v_i和 v_j为“非邻接”关系，$e_{i,j}$表示 v_i 和 v_j连线的权重（$c_{i,j}=1$）。图 2.5 为本研究示例影像集的邻接矩阵示意图。图 2.6 为对应的影像拓扑关系图，图 2.6 中边表示影像的“邻接”关系，边的权重表示邻接影像的重叠度。

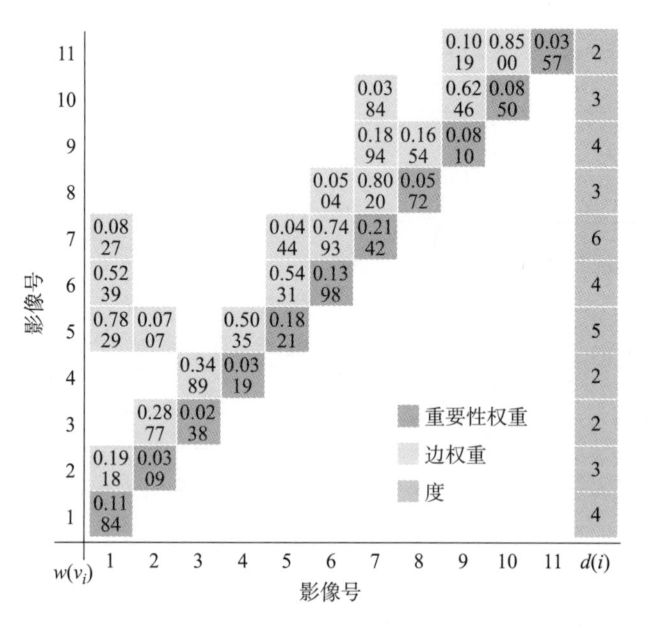

图 2.5　影像集的拓扑邻接矩阵示意图

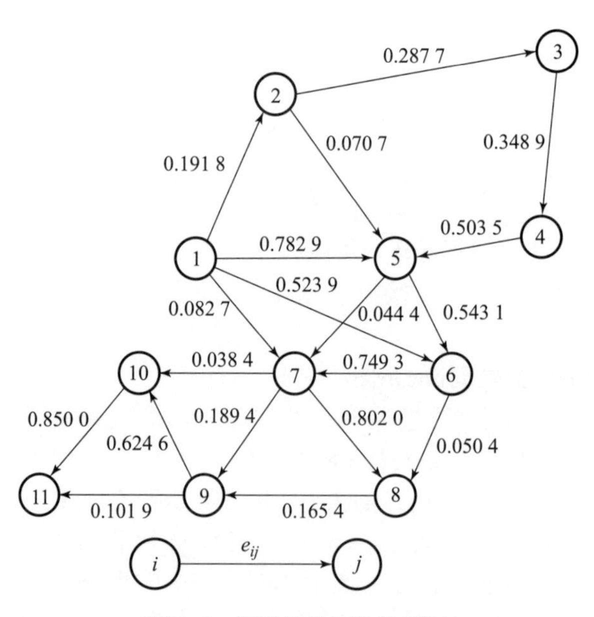

图 2.6　影像集的拓扑关系图

2.3　影像拓扑骨架提取

本节介绍了一种基于度约束的最大生成树算法，并创新地提出了一种分层度约束的最大生成树算法提取影像拓扑骨架。为便于描述，本研究对影像拓扑骨架提取过程中所涉及的符号定义如下：

$\mathrm{nbr}(v_i)$：点 $v_i \in V$ 的邻接点集，满足 $\mathrm{nbr}(v_i) \triangleq \{v_j: c_{i,j}=1 \cup c_{j,i}=1\}$。

$d(v_i)$：点 $v_i \in V$ 的度，满足 $d(v_i) = |\mathrm{nbr}(v_i)|$。

$o(v_i)$：点 $v_i \in V$ 与点 $v_j \in \mathrm{nbr}(v_i)$ 的累积重叠度，满足 $o(v_i) = \sum e_{i,j}, v_j \in \mathrm{nbr}(v_i)$。

$G_i = (V_i, E_i)$：子图，点集 $V_i = \{v_s, \mathrm{nbr}(v_s)\}$，$v_s \in V$ 为某种子点；边集 $E_i = \{e_{t,r}: v_t, v_r \in V_i, c_{t,r}=1\}$。

2.3.1　基于度约束的最大生成树算法提取影像拓扑骨架

最大生成树（MST）算法是在有权图的基础上提取一个包含边数最小的情况下累计权重最大的无环图的过程。虽然直接采用最大生成树算法可以保证 SCN 中包含边的数目最少，但是为保证 SfM 算法重建模型的稳定性，需要确保每对匹配点至少存在于 3 张影像中。本研究在最大生成树算法的基础上加入最小度约束，发展为基于度约束的最大生成树算法（Degree Bounded MST，DB－MST），即当 $d(v_i)=2$ 时，既能保证每张影像 v_i 均与其他两张邻接影像进行匹配，又能保证提取的 SCN 中边数最少。据此提取 SCN 的边集将组成一个有环图。

利用 DB－MST 提取影像拓扑骨架的步骤。

算法描述：

该算法可提取满足三目视觉匹配的影像拓扑骨架。

输入：

有权的影像拓扑关系图 $G=(V, E)$，$c_{i,j} \in \{0, 1\}$表示拓扑关系，$e_{i,j}$表示边的权重。

输出：

影像拓扑骨架 $\mathrm{SCN}=[n \times n]$，$\mathrm{SCN}(i, j) \in \{0, 1\}$。

算法步骤：

步骤 1：初始化 $E(\mathrm{SCN})=\phi$。

步骤 2：以 v_1 为始端，v_n 为终端提取 G 的最大生成树 T_{mst}，且有 $d(v_i)=2$，$i \neq 1, n$。

步骤 3：分别对 v_1 和 v_n 寻找其权重值次大的邻接边 $c_{1,j}$ 和 $c_{k,n}$。

步骤 4：更新 $E(\mathrm{SCN}) = \{E(T_{\mathrm{mst}}),\ c_{1,j},\ c_{k,n}\}$。

步骤 5：据 $E(\mathrm{SCN})$ 生成影像拓扑骨架 $\mathrm{SCN} = [n \times n]$，$\mathrm{SCN}(i,\ j) \in \{0,\ 1\}$。

2.3.2 基于分层度约束的最大生成树算法提取影像拓扑骨架

大区域低空测量多采用无人机自主航飞拍摄模式。一般来讲，航线设置要保证航向方向的影像重叠度稍大于旁向方向的影像重叠度。因此，采用 DB - MST 算法处理规则航线影像时可能导致提取的 SCN 中仅保留航线方向的影像邻接边，进而导致航线方向上的累积匹配误差过大，影响特征匹配的稳定性和重建模型的精度。为此，我们提出了一种分层度约束的最大生成树（HDB - MST）算法，期望提取的 SCN 能在最小化 TCN 边数的情况下尽量保留原 TCN 的空间结构。利用 HDB - MST 算法提取影像拓扑骨架 SCN 的具体步骤，主要包括 3 步：TCN 的分层表达、删除子图冗余边和分层迭代提取拓扑骨架。

利用 HDB - MST 算法提取影像拓扑骨架的具体步骤。

算法描述：

依据影像重要性和影像拓扑关系对输入影像集进行层次划分，生成 n 个顺序排列的子图，通过依次删除子图中的冗余边，提取影像拓扑骨架 SCN。

输入：

有权的影像拓扑关系图中 $G = (V,\ E)$，$c_{i,j} \in \{0,\ 1\}$ 表示邻接关系；$e_{i,j}$ 表示边的权重值；count = 0，表示被处理子图的数目。

输出：

影像拓扑骨架 $\mathrm{SCN} = [n \times n]$，$\mathrm{SCN}(i,\ j) \in \{0,\ 1\}$。

算法步骤：

步骤 1：TCN 的分层表达，生成 n 个顺序排列的子图 $G^{\mathrm{H}} = \{G_1,\ \cdots,\ G_n\}$。

步骤 2：删除 G_1 中的冗余边，count = 1。

步骤 3：分层处理 G^{H} 中的子图，count = count + 1。

步骤 4：重复**步骤 3**，直到 count = n，生成初始影像拓扑骨架 S_1。

步骤 5：将 S_1 输入矩阵，重复**步骤 1 ~ 4**，生成影像拓扑骨架 S_2。

步骤 6：重复**步骤 1 ~ 5**，直到 $S_i = S_{i-1}$，S_i 表示第 i 次迭代生成的影像拓扑骨架。

2.3.2.1 TCN 分层表达

TCN 分层表达是将低空影像集划分到不同层，并把该影像集对应的有向图 $G = (V,\ E)$ 分成 n 个子图的过程，n 为影像总数。为此，我们定义一个临时影像集 V^{T}，用于存储每层中的影像集，初始化 $V^{\mathrm{T}} = \phi$；同理，定义第 i 层中的影像集为 V^i，并初始化 $V^i = \phi$。

HDB－MST 算法步骤一：TCN 分层表达的具体步骤。

算法描述：

依据影像重要性和影像拓扑关系对输入影像集按层次划分，将原影像拓扑关系图 TCN 分成 n 个顺序排列的子图。

算法步骤：

步骤 1：按公式（2－9）计算影像 $v_i \in V$ 的重要性权重 $w(v_i)$：

$$w(v_i) = \frac{d(v_i) \cdot o(v_i)}{\sum_{v_i \in V d(v_i) \cdot o(v_i)}} \tag{2-9}$$

步骤 2：按 $w(v_i)$ 值对影像集降序排列。

步骤 3：将 $w(v_i)$ 值最高的影像 v_s 分配到第一层，即 $V^1 = \{v_s\}$，并以该影像作为种子构建子图 $G_1 = (V_1, E_1)$（见图 2.7）。

步骤 4：更新临时点集为 $V^T = V_1 = \{V^1, \mathrm{nbr}(v_s)\}$，并把点集 $V^T \setminus \{V^1\}$ 分配到第二层，即 $V^2 = \{\mathrm{nbr}(v_s)\}$（见图 2.7）。

步骤 5：据 $w(v_i)$ 值由大到小依次将 V^2 中的影像作为种子点，生成对应子图 $G_2 = (V_2, E_2)$，$G_3 = (V_3, E_3)$，…，$G_b = (V_b, E_b)$，b 值等于 V^T 中的影像数。

步骤 6：更新临时点集为 $V^T = V^T \cup V_2 \cup$，…，$\cup V_b$，将 V^T 中扩增的影像集分配到下一层，即 $V^3 = V^T / \{V^1, V^2\}$（见图 2.7）。

步骤 7：重复**步骤 5**、**步骤 6**，直到生成 n 个降序排列的子图集，即 $G^H = \{G_1, \cdots, G_n\}$。

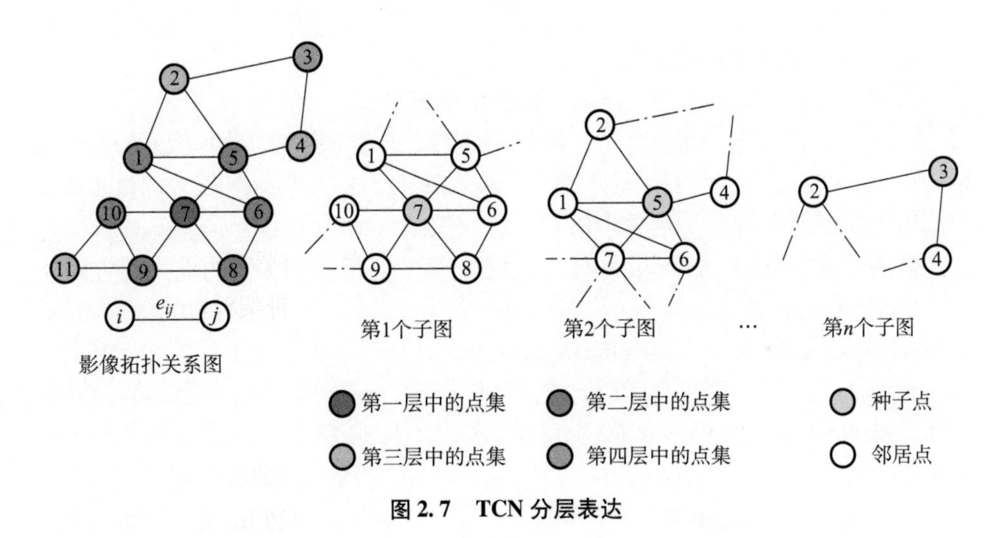

图 2.7　TCN 分层表达

表 2.1 列出了示例影像 TCN 分层表达后生成各子图的顺序及其组成部分。

表 2.1　TCN 分层表达的子图顺序及其组成部分

子图	种子点	邻居点	子图	种子点	邻居点	子图	种子点	邻居点
G_1	7	{5, 1, 6, 10, 9, 8}	G_5	10	{7, 9, 11}	G_9	4	{5, 3}
G_2	5	{1, 6, 4, 2, 7}	G_6	9	{7, 10, 8, 11}	G_{10}	11	{10, 9}
G_3	1	{7, 5, 6, 2}	G_7	8	{7, 6, 9}	G_{11}	3	{2, 4}
G_4	6	{7, 5, 1}	G_8	2	{5, 1, 3}			

2.3.2.2　删除子图冗余边

TCN 分层表达后得到序列子图 $G^{\mathrm{H}} = \{G_1, \cdots, G_n\}$。接下来，采用 HDB－MST 算法依次删除 G^{H} 中各子图中的冗余边。删除单个子图中冗余边的算法步骤如下。具体给定任意子图 $G_i = (V_i, E_i)$，采用 3 个约束规则删除子图中的冗余边：

（1）子图中的种子影像 $v_s \in V_i$ 在场景三维重建中的重要性最大，在冗余边删除过程中保持种子点与其邻居点之间的边不变。

（2）保证每张影像具有最小三目视觉匹配的条件下影像累积重叠度最大，即在保持其与种子点连接的前提下，保证其与除种子点以外重叠度最大的影像连接（对应以下**步骤 1～2**）。

（3）兼顾种子点重要性和邻居点累积权重之间的平衡（对应以下**步骤 3～4**）。

HDB－MST 算法步骤二：删除子图冗余边的具体步骤。

算法描述：

通过三步优化步骤删除单个子图中的冗余边。

为便于描述，对算法中涉及的关键概念进行定义：

$v_s \in V_i$ 为种子点；$\mathrm{nbr}(v_s)$ 为 v_s 的邻居点集；b 表示种子点的初始邻居点个数；$M = \max\{e_{i,j}: i, j = 1, \cdots n\}$ 表示影像集中最大重叠度；cn 用来记录**步骤 2** 中遍历邻居点的个数，初始化为 0。

算法步骤：（注：删除边后保留其原有权重，用于**步骤 3** 中的优化判断）

步骤 1：保持 $c_{t,u} = 1$ 不变，使 $c_{t,r} = 0$，其中 $v_t \in \mathrm{nbr}(v_s)$，$v_u = \operatorname{argmax}\{e_{t,u}: v_u \in \mathrm{nbr}(v_s)\}$，$v_r \in \mathrm{nbr}(v_s)$，$v_r \neq v_u$。

步骤 2：判断任意 $e_{s,t}$ 和 $e_{t,k}$ 之间的关系，$v_k \in \mathrm{nbr}(v_s)$，若同时满足公（2－10）、（2－11）和（2－12），则删除种子邻接边，即 $c_{s,t} = 0$，$cn = cn + 1$。

步骤 3：如果满足**步骤 2** 中的判断条件，且 $v_r = v_k$，则恢复**步骤 1** 删掉的连接边，即 $c_{t,r} = 1$。

步骤 4：重复**步骤 2～3**，直到 $cn = b$ 或者 $d(v_s) = 2$。

$$\frac{e_{t,r}-e_{s,t}}{e_{t,r}}>f,\ (f>0) \tag{2-10}$$

$$0<e_{s,t}<0.5M \tag{2-11}$$

$$0.5M \leqslant e_{t,r} \leqslant M \tag{2-12}$$

删除子图冗余边的结果如图 2.8 所示。

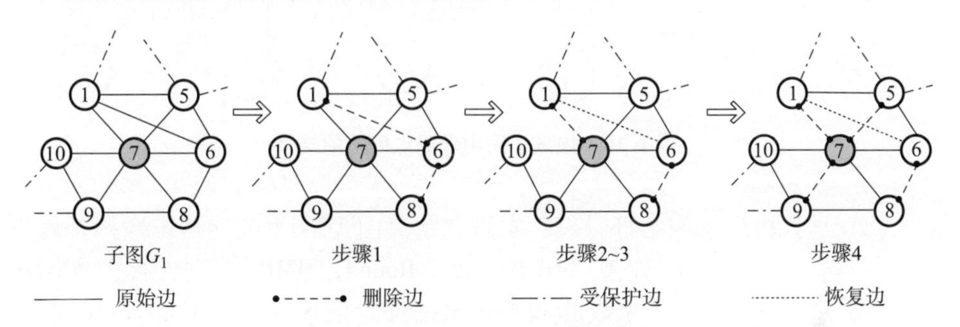

图 2.8　删除子图中冗余边的结果

2.3.2.3　分层迭代提取影像拓扑骨架

分层迭代提取影像拓扑骨架主要包括 3 个步骤：

（1）分层约束删除子图冗余边：由于 TCN 分层表达产生的子图之间有共用边，因此采用 HDB－MST 算法**步骤二**处理后续各子图时需要更新之前子图的处理结果，具体过程如下：

给定任意两个子图G_p，$G_q \in G^{\mathrm{H}}$，其中 p、q 表示子图的处理顺序，$p<q$，点对（v_i，v_j）为原始邻接点对，均包含在子图 G_p和 G_q中，且在处理子图 G_p的过程中删除了其邻接边，即 $c_{i,j}=0$（注：保留了该边的权重值，即 $e_{i,j}=e_{i,j}$）。

基于上述条件，在处理子图 G_q的过程中，如果满足以下两个条件之一，则恢复该邻接点对的边，即 $c_{i,j}=1$：

①$e_{i,j}$是点 v_i或点 v_j与在子图 G_q所有邻接边权重的最大值，如图 2.9 中所示，$e_{7,9}$是点 v_9在子图 G_8中所有邻接边权重最大的值。

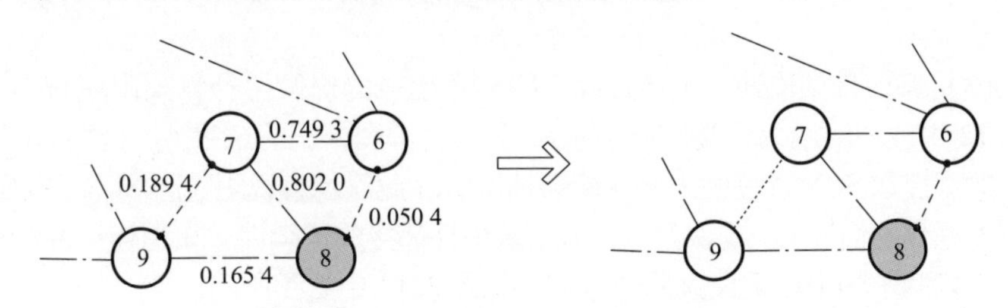

图 2.9　恢复子图中邻居点间边的结果

②点对（v_i，v_j）$\in \mathrm{nbr}(v_s)$，其中 v_s为子图 G_q的种子点，且邻接边的权重值（$e_{s,i}$，$e_{i,j}$）或（$e_{s,j}$，$e_{i,j}$）同时满足式（2－10）、式（2－11）和式（2－12），

结果如图 2. 10 所示。

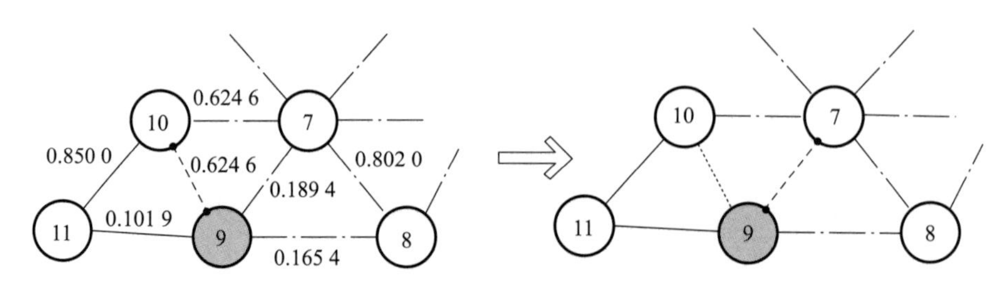

图 2. 10　恢复子图中邻居点间边的结果

（2）迭代提取影像拓扑骨架：本研究定义由 TCN 生成初始影像拓扑骨架 S_1（见图 2. 11）的过程称为“HDB－MST Round，HMR”。迭代提取影像拓扑骨架的过程是将第 i 次生成的初始影像拓扑骨架 S_i 输入，重复 HMR 操作，直到相邻两次 HMR 生成的影像拓扑骨架相等时，即 $S_i=S_{i-1}$，影像拓扑骨架提取结束。

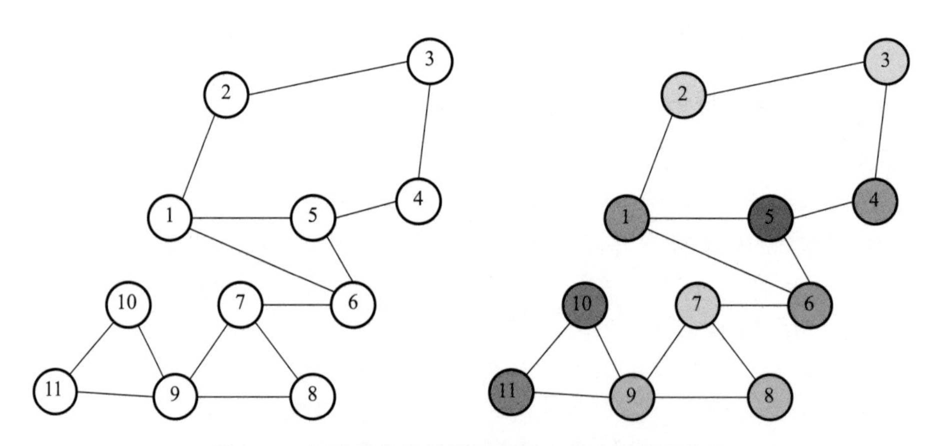

图 2. 11　初始影像拓扑骨架和第 2 次分层表达结果

（3）保证骨架连通：上述过程可能导致生成的影像拓扑骨架出现断裂，如图 2. 12 中左图所示，骨架图断裂成两个独立子图，记为 G_A 和 G_B（注：本研究示例数据提取 SCN 过程中未出现断裂情况，在此仅示意说明实际 SCN 提取过程中可能遇到的情况）。最后，为保证影像拓扑邻接的连续性，采用连通性约束条件，恢复两子图中权重最大的邻接边，如图 2. 12 中右图所示。

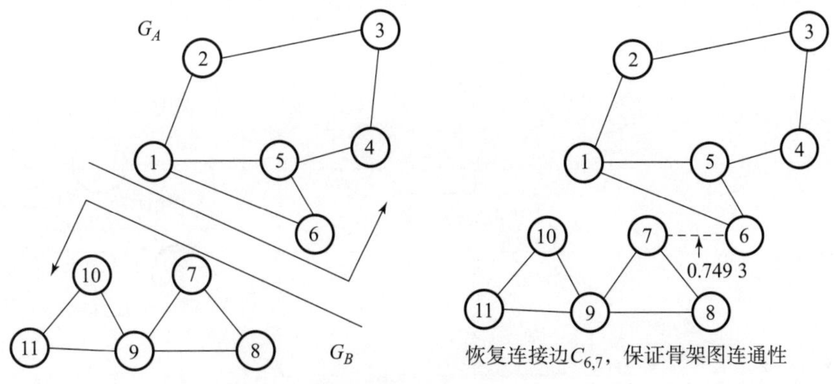

图 2.12　据连通性约束条件的优化结果

2.4　顾及影像拓扑骨架的运动恢复结构算法

图 2.13 为顾及影像拓扑的运动恢复结构（TCN – SfM）算法流程图，该算法主要包括以下 3 个部分：特征提取、利用影像拓扑骨架约束特征匹配和恢复重建。

2.4.1　特征提取

特征提取是对影像进行特征分析并用特定的格式进行表达的过程。常用的影像特征有点特征、线特征和面特征。其中，点特征具有提取过程简单、受限程度低和稳定性高等优点，已被广泛用于 SfM 重建研究（Snavely 等，2006；Torr 和 Zisserman，1999）。常用的点特征提取算法包括 SIFT 算法、SURF 算法和 ORB 算法等。上述算法具有尺度和旋转不变性，对影像的拍摄角度、光照条件及环境噪声具有较强的鲁棒性。以 SIFT 算法研究为例，Lingua 等（2009）针对低空影像对该算法的性能做了全面测试，结果表明，SIFT 算法提取的特征点数目多，匹配精度高，可有效保证相机自标定的精度和重建模型的质量。然而，SIFT 算法在处理高分辨率低空影像时易导致计算机内存溢出。为此，本研究采用分块策略的 SIFT 算法（沈永林等，2011）提取特征点。

利用分块 SIFT 算法提取影像特征点的步骤：

算法描述：

该算法实现了高分辨率低空影像的 SIFT 特征提取。

算法步骤：

步骤 1：对影像进行分块，设定子块影像间重叠度为 5%。

步骤 2：采用式（2 – 13）和式（2 – 14）构建子块影像的尺度空间。

$$L(x, y, \sigma) = G(x, y, \sigma) * I(x, y) \tag{2-13}$$

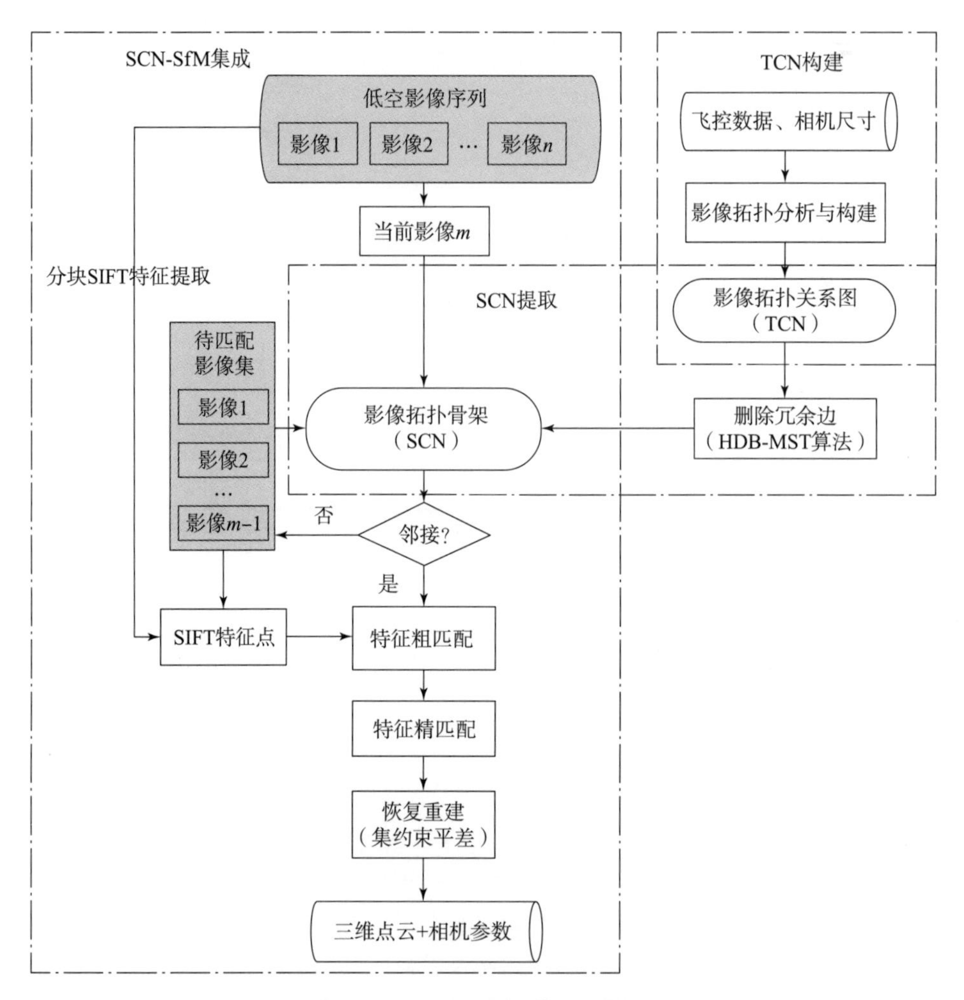

图 2.13　SCN－SfM 算法流程图

式中，$I(x, y)$为子块影像，$*$代表卷积操作，且：

$$G(x, y, \sigma) = \frac{1}{2\pi\sigma^2} e^{-(x^2+y^2)} / (2\sigma^2) \tag{2-14}$$

表示高斯函数，σ 为尺度因子，可通过调整 σ 值对影像进行不同尺度空间的表达。

步骤 3：采用式（2－15）构造高斯差分尺度空间：

$$\begin{aligned} D(x, y, \sigma) &= [G(x, y, k\sigma) - G(x, y, \sigma)] * I(x, y) \\ &= L(x, y, k\sigma) - L(x, y, \sigma) \end{aligned} \tag{2-15}$$

式中，k 为定值，用来确定相邻尺度空间的差分间隔，以 3×3 的窗口大小搜索任意像素在相邻尺度空间的极大值或极小值，通过设定阈值去除对比度较小和边缘不稳定的点（Lingua 等，2009）。

步骤 4：据式（2－16）和式（2－17）计算 $L(x, y, \sigma)$在某窗口范围内像素梯度变化的累积幅值 $m(x, y)$和方向 $\theta(x, y)$，窗口大小设为 16×16：

$$m(x, y) = \sqrt{[L(x+1, y) - L(x-1, y)]^2 + [L(x, y+1) - L(x, y-1)]^2} \tag{2-16}$$

$$\theta(x, y) = \arctan\{[L(x, y+1) - L(x, y-1)]^2)/[L(x+1, y) - L(x-1, y)]^2\} \tag{2-17}$$

步骤 5：以**步骤 4** 中确定的 $m(x, y)$ 值最大的方向为主方向建立坐标系，将上述窗口细分成 16 个 4×4 的子窗口，并统计每个子窗口中的方向直方图（均匀划分为 8 个方向），生成 $4 \times 4 \times 8 = 128$ 维描述子。

步骤 6：最后合并所有子块中的特征点，完成整幅影像的特征提取。

2.4.2　顾及影像拓扑骨架的特征匹配

特征匹配的目的是确定不同影像中的同名特征。顾及影像拓扑骨架的特征匹配包括 3 部分内容：搜索待匹配影像、特征粗匹配和特征精匹配。

2.4.2.1　搜索待匹配影像

为便于表述，令 $V = \{v_1, v_2, \cdots v_n\}$ 表示低空影像集，n 为影像数目；$SCN = [n \times n]$ 为上三角矩阵，表示影像拓扑关系图，$SCN[i, j] = 1$ 表示影像对 (v_i, v_j) 为“邻接”关系，$SCN[i, j] = 0$ 为“非邻接”关系。给定当前影像 $v_m \in V$，确定其潜在待匹配影像集 $TP = \{v_1, v_2, \cdots v_{m-1}\}$，根据 SCN 确定 v_m的邻接影像集 $RP = \{v_t: SW[t, m] = 1, v_t \in TP\}$ 作为待匹配影像集。

为分析 SCN－SfM 的影像匹配耗时，设 SCN 中所有影像的最大邻接影像数为 k。最坏情况下，当待匹配的影像数小于 k 时，认为待匹配的影像全都参与匹配；当待匹配的影像数大于 k 时，则令实际参与匹配的影像数等于该目标影像的“邻接”影像数（最坏情况下，认为目标影像的“邻接”影像数均为常数）。据此 SCN－SfM 算法特征匹配需要搜索影像的总次数为：

$$T = \frac{k(k-1)}{2} + \sum_k^n k = kn - \frac{k^2 + k}{2} \tag{2-18}$$

时间复杂度为 $O(n)$。

2.4.2.2　特征粗匹配

本研究首先采用基于 $k-d$ 树的最近邻算法作为索引结构（Arya 等，1998），确定待匹配的特征点集；然后以 SIFT 特征向量的欧式距离作为特征相似度判断的依据，采用最近邻距离比率法（Nearest Neighbor Distance Ratio，NNDR）进行特征匹配（Mikolajczyk 和 Schmid，2005），过程如下：

给定两组待匹配点集 $F(v_i) \in v_i$，$F(v_j) \in v_j$，对于任意点 $f \in F(v_i)$，设其与 $F(v_j)$ 中的最近点 f_{n1}和次近点 f_{n2}的欧式距离差分别为 d_1和 d_2，若满足条件：

$$\mathrm{NNDR} = \frac{d_1}{d_2} < t \tag{2-19}$$

则认为 (f, f_{n1}) 是一对粗匹配点。t 为阈值，一般依据影像的地物复杂程度设置。本研究依据文献（Lowe，2004），设置为 $t = 0.6$。依据上述方法，生成一系列粗匹配点集，$FM_{\mathrm{set}} = \{(f, f_{n1})\}$。

2.4.2.3 特征精匹配

由于 SIFT 特征提取和 NNRD 特征匹配过程均涉及阈值设定的问题，因此粗匹配点中存在一定数量的错匹配点，直接利用粗匹配点进行相机自标定导致误差较大，进而影响三维重建的模型精度。特征精匹配的目的是删除粗匹配点中的错匹配点，具体采用对极几何的约束方法：首先采用对误差具有鲁棒性的 RANSAC 算法（Fischler 和 Bolles，1981），从粗匹配点中选出几何关系一致性最高的部分匹配点集；然后采用 8 点法估计 F 矩阵参数（Hartley，1997）；最后确定满足 F 矩阵约束的匹配点即为精匹配点。

2.4.3 恢复重建

本章 2.1 节介绍了 SfM 算法的基本原理，概括为以精匹配点为基础，采用公式（2-2）估计相机参数和场景点云三维坐标。该方法是一个非线性问题，本研究以精匹配点数最多的两张影像开始，采用通用稀疏光束法平差（Sparse Bundler Adjustment，SBA）算法（Lourakis M，2004），使投影点和观测点之间的重投影误差最小，估计相应的相机参数和匹配点的三维坐标；在此基础上，逐次加入 1 张邻接影像，并迭代 SBA 过程，最终解算出所有相机位置、姿态以及精匹配特征点的三维坐标。

2.5 骨架提取算法测试与分析

2.5.1 骨架提取鲁棒性检验

前文介绍了两种 TCN 构建方法，即间接索引法和直接分析法，可分别处理无飞控数据和有飞控数据情况下的低空影像。然而，受特征匹配阈值和飞控数据精度的影响，上述两种方法构建的 TCN 中均可能存在一定的误差，即 TCN 中可能包含错误的影像“邻接”边，导致上述两种方法构建的 TCN 之间存在一定的差异。本节的目的是定量评估 HDB-MST 算法对同套数据可能构建的不同的 TCN 提取 SCN 的一致性。针对同套数据可能出现的不同 TCN 期望，HDB-MST 算法能提取出一致性较高的 SCN。为此，本研究提出了 3 个对比因子（稀疏度、加速比和相似度）进行分析说明。

（1）稀疏度（Sparse Index，SP）：用来描述 TCN 或 SCN 中边的密集程度，公式为：

$$SP = 1 - \frac{\sum_{i=1}^{n-1}\sum_{j=i+1}^{n} C_{i,j}}{S} \tag{2-20}$$

式中，$S = \frac{n(n-1)}{2}$表示遍历影像匹配导致的致密图中任意两点连接的边数，n 为影像数；$C_{i,j} \in \{1, 0\}$，表示影像拓扑关系；$C_{i,j} = 1$ 表示“邻接”；$C_{i,j} = 0$ 表示“非邻接”。

据此，评估两种方法所得影像关系图（在本研究中具体指影像拓扑关系图 TCN 或影像拓扑关系骨架图 SCN）的平均稀疏度$\overline{SP}$，公式为：

$$\overline{SP} = \sqrt{\frac{SP_1^2 + SP_2^2}{2}} \tag{2-21}$$

其中，SP_1^2和SP_2^2分别表示同组数据、同种类型但不同方法得到的拓扑图（TCN 或 SCN）的稀疏度。

（2）加速比（Efficiency Improved Ratio，EIR）：由于稀疏度表示的是图中的边数，每条边代表一次影像匹配过程，据此可以推断出影像拓扑关系图和其骨架图相对于遍历影像匹配加速比 EIR，用$\overline{SP}$可表示为：

$$EIR = \frac{1}{1 - \overline{SP}} \tag{2-22}$$

注：计算单个拓扑关系图的提升效率，可将上式中$\overline{SP}$替换为 SP_1 或 SP_2，本研究以公式（2－22）为准。

（3）相似度（Similarity Index，SI）：描述两幅图中的相似程度，包括“邻接”边的数目和其空间分布一致性，公式为：

$$SI = \frac{\sum_{i=1}^{n-1}\sum_{j=i+1}^{n}(C_{i,j}^A - C_{i,j}^B)}{S} \tag{2-23}$$

式中，$C_{i,j}^A$和 $C_{i,j}^B$分别代表同组影像集的不同拓扑图，两图中包含的点数相同。

本研究选取 3 个实验测试 HDB－MST 算法的鲁棒性。其中，实验 1 位于江苏省徐州市，以中国矿业大学南湖校区为中心，覆盖周边范围约为 2.5 km^2，该区域主要包含植被、道路和建筑群等地物。实验 2 位于福建省龙岩市古田镇，以古田会议旧址为中心，覆盖范围约为 200 m×400 m。实验 3 位于山东省临沂市罗庄区，覆盖面积约为 150 m×500 m，该区域地形起伏，因周边建筑施工多处发生小面积滑坡。上述 3 个实验采用两架不同型号的固定翼无人机和一架八

旋翼无人机采集数据，且采用不同的飞行控制系统，航线设为自主飞行模式，相机曝光瞬间记录无人机的位置、姿态和飞行速度等信息（见表 2.2）。

表 2.2　无人机参数及数据采集信息

参数	实验 1	实验 2	实验 3
无人机类型	固定翼	八旋翼	固定翼
飞行高度/m	450	100	120
基准面高度/m	~50	~730	~80
航向重叠度/%	80	85	80
旁向重叠度/%	60	70	60
相机型号	Canon EOS 5D mark II	Canon EOS 5D mark II	Panasonic DMC - FX75
相机焦距 /mm	35	35	24
影像数	126	45	56
传感器尺寸/mm	36 × 24	36 × 24	6. 1 × 4. 6
影像大小/pixel	5 656 × 3 744	5 656 × 3 744	4 320 × 3 240
影像地面分辨率/cm	12	2. 6	1

图 2. 14 为利用飞控数据生成的 3 个实验中无人机影像的地面覆盖范围。由图 2. 14 可见，实验 1 和实验 2 数据采集的航线规则，相邻影像间的空间连续性强；而实验 3 数据采集的航线不规则，相邻影像间的空间连续性相对较弱。

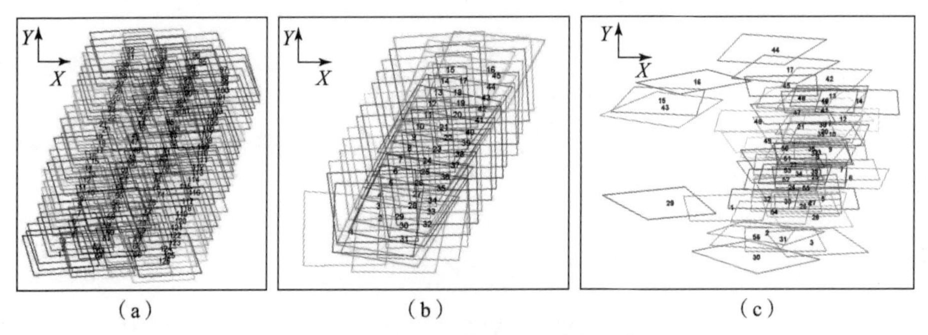

图 2. 14　实验区影像集的地面覆盖范围

(a) 实验 1；(b) 实验 2；(c) 实验 3

图 2. 15 为采用直接分析法（结合飞控数据定位和拓扑分析）得到 3 组实验影像集的拓扑关系图（TCN）。图 2. 15 中，点代表影像，边代表邻接影像的拓扑关系。图 2. 16 为采用间接索引法（降采样影像匹配）得到对应实验影像集的 TCNs。对比发现，上述两种方法得到的 TCN 之间存在一定的差异。造成上述差异的原因可能有两点：(1) 无人机飞控系统对环境的抗干扰（主要是风）能力较差，导致定位精度低、部分影像拓扑关系判断错误；(2) 影像地物单一、纹理细节不明显，导致降采样（减采集）后特征匹配错误。

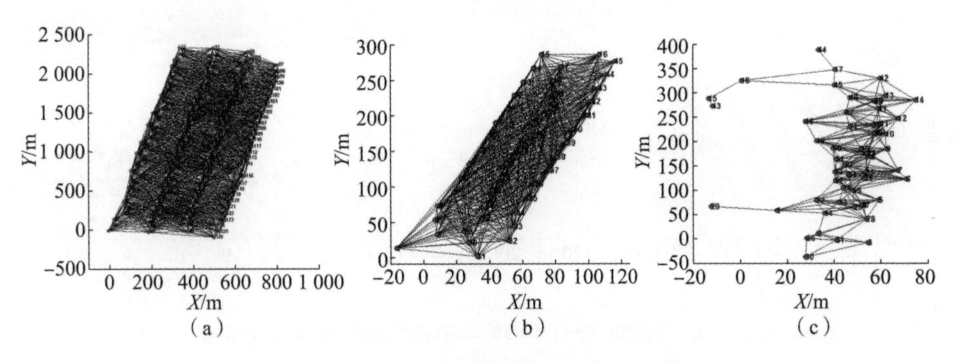

图 2.15　直接分析法构建的影像拓扑关系图

（a）实验 1；（b）实验 2；（c）实验 3

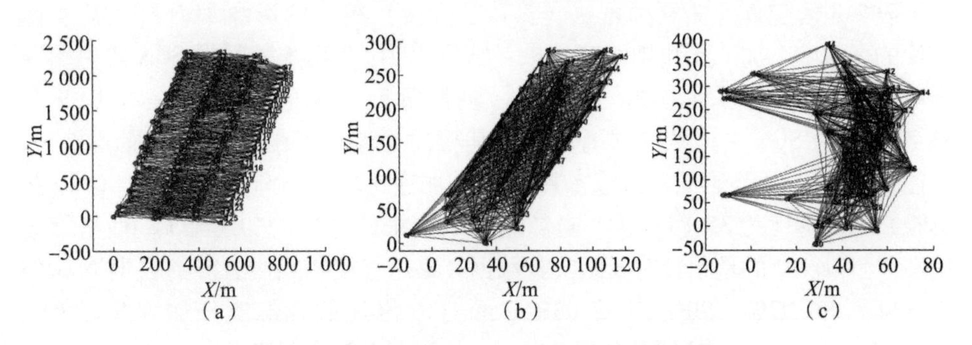

图 2.16　间接法索引法构建的影像拓扑关系图

（a）实验 1；（b）实验 2；（c）实验 3

图 2. 17 和图 2. 18 为采用 HDB - MST 方法分别从图 2. 15 和图 2. 16 中提取的影像拓扑骨架图（SCN）。结果可见，3 组实验影像集的 SCN 相对于 TCN 包含的边数明显减少，稀疏程度显著提高；从边的空间分布上看，SCN 中保留了航线上相邻影像间的“邻接”关系和旁向上近似等间隔分布的少量影像间的“邻接”关系。

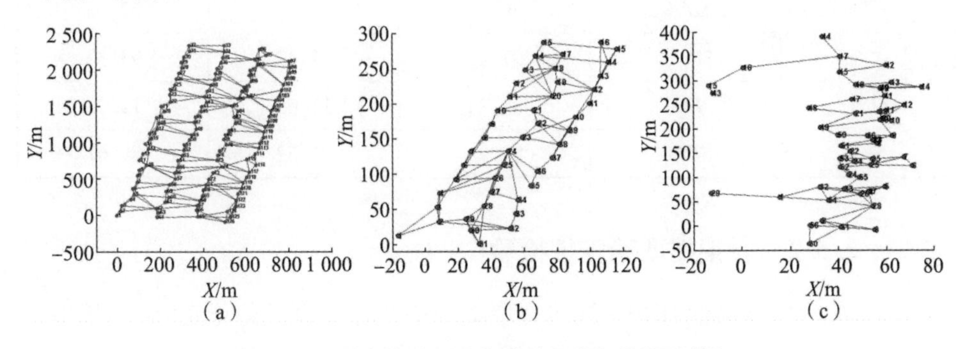

图 2.17　对直接分析法构建的影像拓扑提取骨架

（a）实验 1；（b）实验 2；（c）实验 3

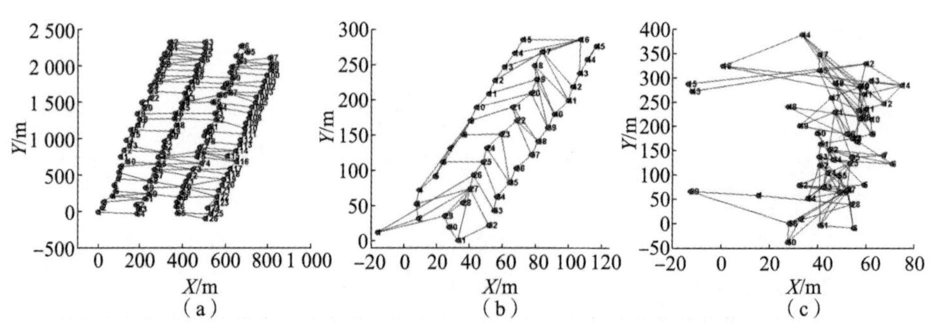

图 2.18　对间接索引法构建的影像拓扑提取骨架关系图

（a）实验 1；（b）实验 2；（c）实验 3

表 2.3 为定量评估两种方法（直接、间接）得到的影像 TCN 和对应影像 SCN 的稀疏度、加速比和相似度结果。结果表明：3 组实验数据 SCN 的稀疏度分别为 97.21%、91.42% 和 93.37%，显著高于 TCN 的 79.06%、27.81% 和 63.51；随着 SCN 中边数的显著减少，其相对于遍历匹配的加速比显著提升，均在 10 倍以上，且影像数目越多其 SCN 的加速比增大。例如，实验 1（126 张影像）的加速比为 35.84，较实验数据 2（45 张影像）的加速比 11.65 有显著提高。值得注意的是，针对 3 组实验数据，采用直接和间接法得到的 TCN 相似度分别为 86.07%、90% 和 62.08%，而对应 SCN 的相似度分别为 97.99%、91.52% 和 89.61%，较前者有明显提高，验证了 HDB－MST 算法对 TCN 中的误差具有较强的鲁棒性。

表 2.3　HDB－MST 算法鲁棒性评估结果

评估对象	对比因子	实验数据 1	实验数据 2	实验数据 3
TCN	$\overline{SP}$/%	79.06	27.81	63.51
	EIR	4.77	1.39	2.74
	SI/%	86.07	90.00	62.08
SCN	$\overline{SP}$/%	97.21	91.42	93.37
	EIR	35.84	11.65	15.08
	SI/%	97.99	91.52	89.61

2.5.2　骨架提取稳定性检验

本节的目的是验证 HDB－MST 提取影像拓扑骨架 SCN 的稳定性，期望SCN 中保留的邻接边少、权重大、结构性强。理论上，上述期望要素之间相互制约，尚不能对其定量表达。因此，本研究通过定性分析 SCN 中保留邻接影像的分布

情况和重叠度来测试骨架提取的稳定性。为便于描述，本书仅以直接分析法（下同）构建影像 TCN 为例测试相应 SCN 的稳定性。

图 2. 19 为 3 组实验中低空测量的航线示意图。图 2. 19 中，对角线代表航向影像间的拓扑关系，对角线以外的线代表任意两条航带旁向影像间的拓扑关系。图 2. 20 表示各实验中影像 TCN 的邻接矩阵，由 $n \times n$ 的栅格组成（n 为影像数），每个栅格代表对应序号邻接影像的重叠度。为对比分析，本研究将 3 组实验中邻接矩阵的影像重叠度归一化相同范围（0 ~ 0. 85），并按颜色深度表示。图 2. 20（a）（b）分别为实验数据 1 和 2 的影像邻接矩阵，因其数据采集过程中，受风速影响较小，飞行航线规则，影像采集规律，序列影像对间的重

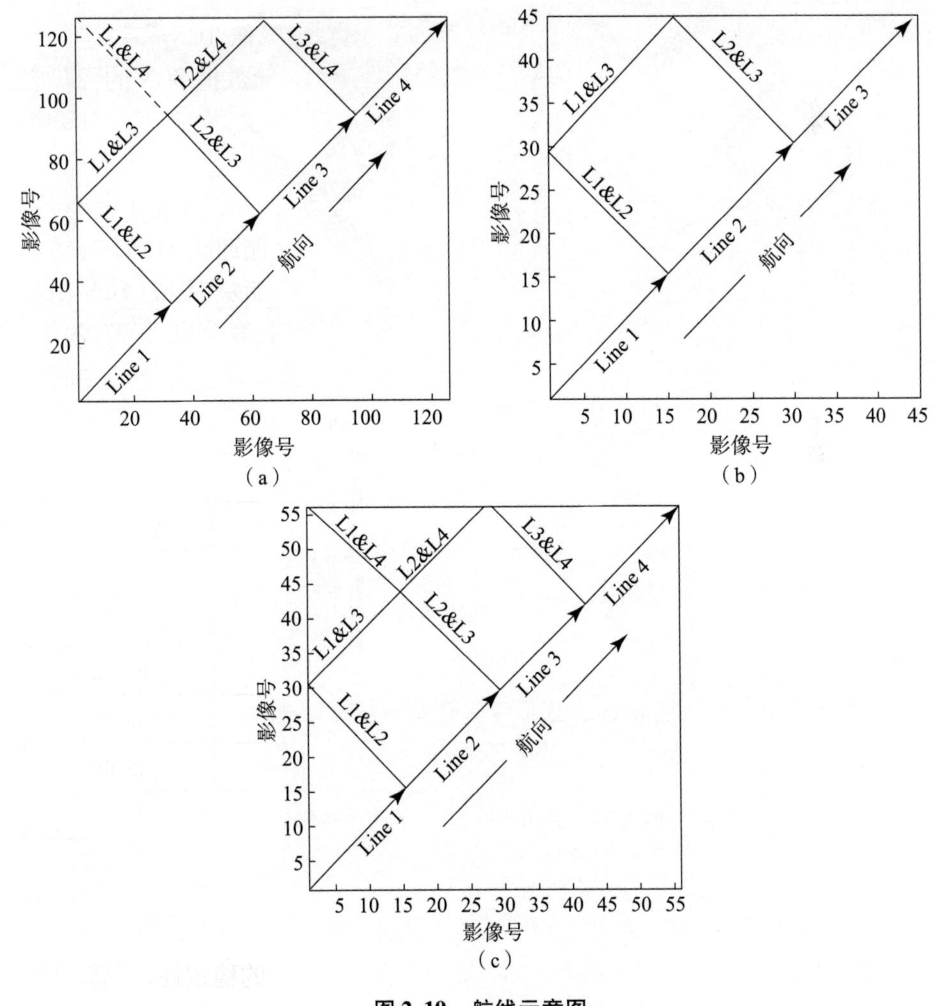

图 2. 19　航线示意图

（a）实验 1；（b）实验 2；（c）实验 3

叠度变化不大。其中，图 2.20（a）中航线方向上相邻影像间的重叠度集中在 0.7 ~ 0.85，范围大于旁向方向相邻影像的重叠度（0.3 ~ 0.45）；非邻近影像间的重叠度较小（0.25），尤其是间隔航带间邻接影像的重叠度，为 0.02 ~ 0.08。图 2.20（b）所示邻接矩阵在空间分布形态上与图 2.20（a）类似，但其旁向方向相邻影像的重叠度较大，为 0.65 ~ 0.7。图 2.20（c）为实验 3 影像的拓扑邻接矩阵。与实验 1 和 2 不同，该实验在数据采集过程中无人机受风速、相机曝光延时等条件影响，导致无人机飞行航线不规则，图 2.20（c）中，仅有少数邻接影像的重叠度较大，为 0.7，其他邻接影像的重叠度均较小，集中在 0.1 ~ 0.5 范围。

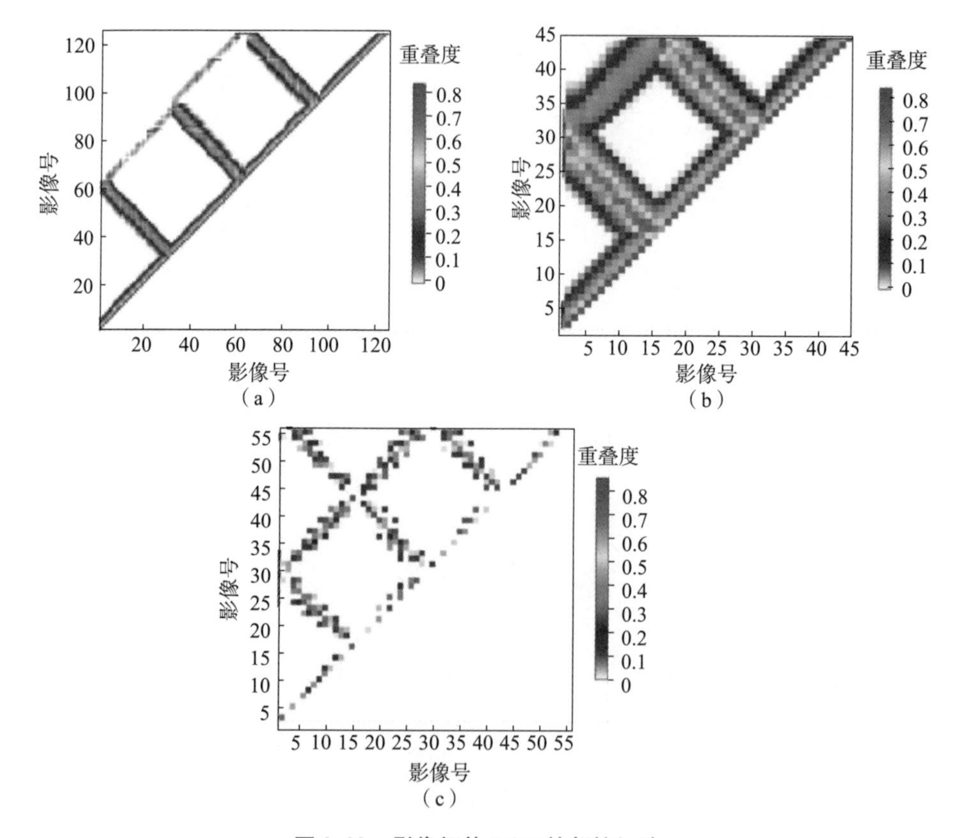

图 2.20　影像拓扑 TCN 的邻接矩阵

（a）实验 1；（b）实验 2；（c）实验 3

图 2.21 为采用 HDB - MST 算法生成的 3 组实验影像的 SCN，图 2.21 中表示邻接影像的数据较 TCN 明显减少。图 2.21（a）（b）分别为实验 1 和实验 2 的 SCN。图 2.21（a）和图 2.21（b）中可见，两组实验影像的 SCN 中保留了航向上几乎所有的和旁向上少量的邻接关系。此外，两图中没有保留任何非邻

近航带影像间的邻接关系，说明大量重叠度过小的邻接关系已被删除。图 2.21（c）为实验 3 影像的 SCN，与图 2.21（a）（b）不同，该图中仅保留了航向上少量的影像邻接关系，而且保留了旁向上大部分的影像邻接关系。即便如此，图 2.21（c）中仍保留了重叠度较大的影像邻接关系而删除了重叠度较小的部分影像邻接关系。由此发现：基于 HDB - MST 算法提取 SCN 的结果主要与影像间的重叠度大小有关，而与影像在航线中的位置关系较小。此外，本研究提取的影像 SCN 除了保留了航线方向上的主要邻接关系外，还保留了部分旁向影像邻接关系，保证了原影像 TCN 的“骨架”结构特征。综上所述，本研究提取的影像 SCN 达到了研究预期，同时兼顾了 SCN 中对边的数目、权重和拓扑结构的合理约束。

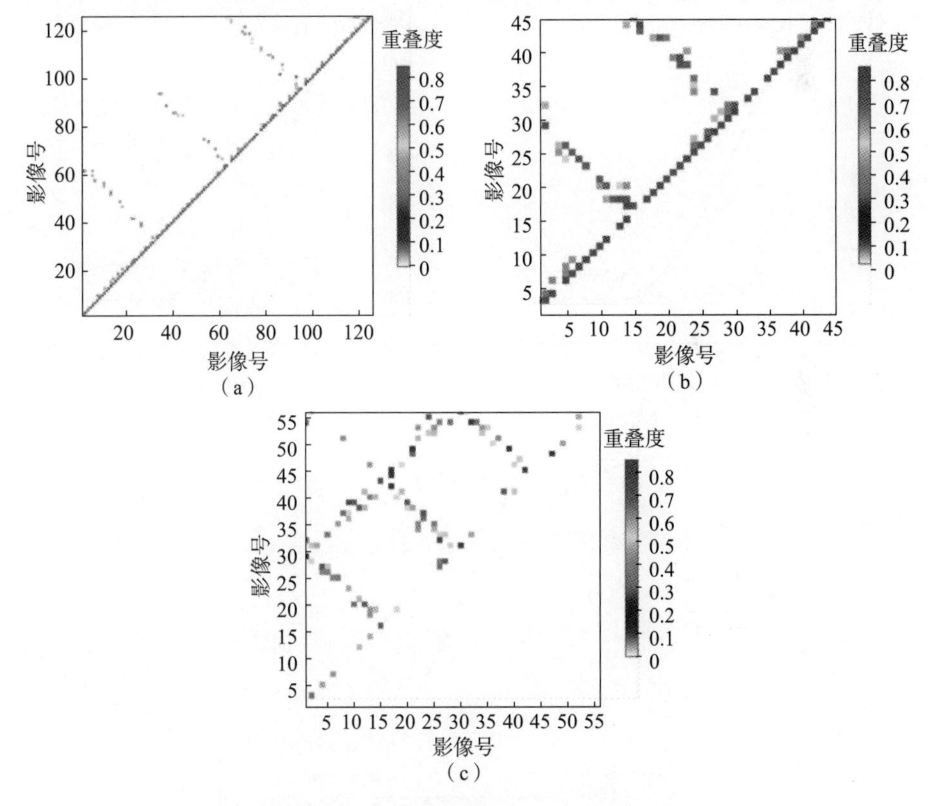

图 2.21　影像拓扑骨架 SCN 的邻接矩阵

（a）实验 1；（b）实验 2；（c）实验 3

2.5.3　骨架提取收敛性检验

为验证 HDB - MST 算法提取影像拓扑骨架 SCN 的收敛性，本研究以上述 3

组实验数据为例，探讨 SCN 提取过程中所需迭代次数和影像邻接边数的关系，结果如图 2.22 所示。从图 2.22 中可以看出，随着 HDB－MST 迭代次数的增加，影像 SCN 中保留的邻接边数目呈指数速度减少。此外，图 2.22 中曲线收敛的速率与 TCN 中的初始邻接边数目无关。例如，实验 1 影像集（126 张）的 TCN 中包含边数为 1 976，提取 SCN 需迭代 6 次，如图 2.22（a）所示；而实验 2 影像集（45 张）的 TCN 中包含边数为 672，提取 SCN 则需迭代 7 次，如图 2.22（b）所示。影像 SCN 中包含的边数与 HDB－MST 算法中设定的两个参数有关，即影像的约束度 $d(v_i)$ 和优化参数 f。本研究设定两参数分别为 $d(v_i)=2$ 和 $f=1$，以保证每张影像具有至少三目视觉匹配关系的前提下所需的影像邻接关系数目最少。

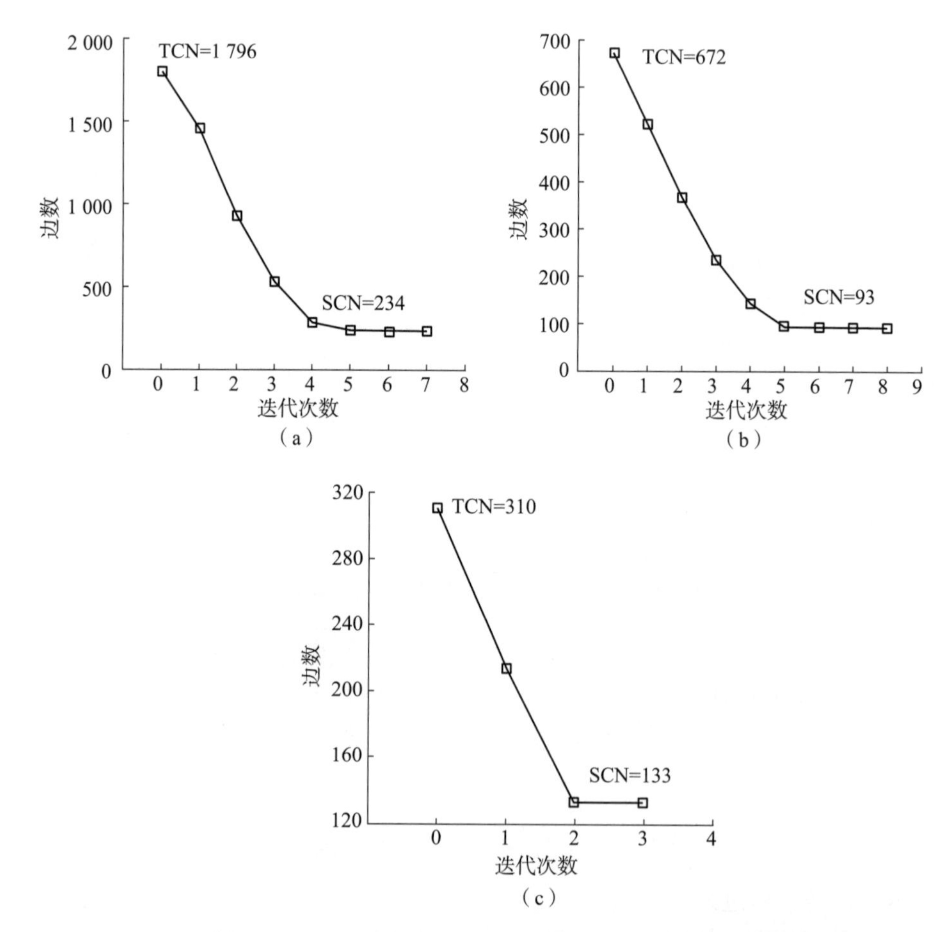

图 2.22　影像拓扑 TCN 中保留边的数目与 HDB－MST 迭代次数的关系曲线

（a）实验 1；（b）实验 2；（c）实验 3

2.6　SCN – SfM 重建结果与分析

本节首先测试了 SCN – SfM 算法对特殊航线影像三维重建的能力，然后与其他 3 种 SfM 算法对比测试了 SCN – SfM 算法的匹配效率、重建模型的完整性和模型精度。

2.6.1　特殊航线数据测试

为验证 SCN – SfM 算法处理特殊航线的有效性，本次实验仅用具有旁向重叠度的两条航线数据进行测试。测试数据集的航向重叠度为 80%，旁向重叠度为 60%，共包含低空影像 150 张，影像分辨率为 9 cm/像素。图 2.23 为利用飞控数据生成的影像地面覆盖范围、影像拓扑关系图 TCN、利用 DB – MST 算法提取的影像拓扑骨架，即 SCN1 和利用 HDB – MST 算法提取的影像拓扑骨架，记为 SCN。对比发现，SCN1 仅保留了航线方向上影像重叠度最大的邻接关系(边)，而 SCN 在 SCN1 的基础上近乎均匀间隔地保留了部分旁向相邻影像的邻接关系。从认知的角度上来看，SCN 保留了原 TCN 的空间结构特征，相对 SCN1 的“骨架”特征明显，影像间的约束性强。

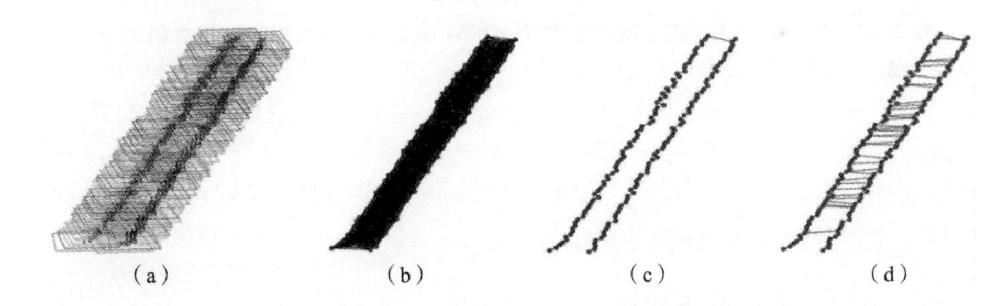

图 2.23　特殊航线影像拓扑骨架提取结果

(a) 影像覆盖范围；(b) TCN；(c) DB – MST 算法提取 SCN1；(d) HDB – MST 算法提取 SCN

图 2.24 为分别利用 SCN1 – SfM 和本研究 SCN – SfM 算法的三维重建结果。结果显示，SCN1 – SfM 算法的重建结果沿航向方向上有严重的几何畸变，其原因为：航线方向相邻邻接影像间的基线太短，导致 SfM 算法重建过程中相机校正不准，误差累积过大（Snavely，2009）。而 SCN – SfM 的重建结果完全避免了视觉上的几何畸变，其原因为：本研究研究建的 SCN 中几乎均匀地保留了部分旁向影像间的邻接关系，增加了影像匹配的基线长度，减小了相机自标定产生的误差；同时旁向影像的加入，分散了航线方向上影像匹配的累积误差。

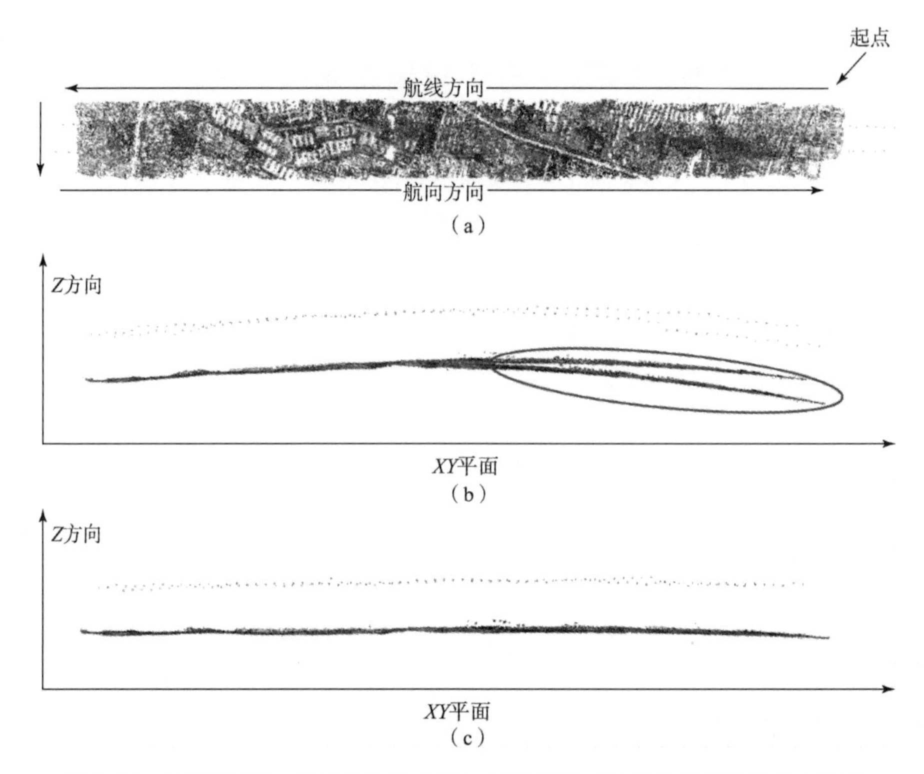

图 2.24　基于 SCN1 – SfM 算法和 SCN – SfM 算法对特殊航线影像的重建结果

（a）正射图（SCN1 – SfM）；（b）侧视图（SCN1 – SfM）；（c）侧视图（SCN – SfM）

基于上述实验，本研究得出两个关键结论：多目视觉的三维重建同时受限于影像重叠度和视觉基线长度；其中，影像重叠度主要影响重建模型的完整性，而基线长度主要影响重建模型的精度。

2.6.2　同类算法对比

为便于描述，本研究对 3 种同类方法命名为：DN – SfM（Snavely 等，2006）、MCN – SfM（Alsadik 等，2014）和 TCN – SfM（许志华等，2015）。表 2.4 对各对比算法做了基本介绍。

表 2.4　同类 SfM 算法介绍

算法名称	算法介绍
DN – SfM	目前应用最广的 SfM 三维重建算法之一，具有开源软件包，是现有多种 SfM 改良算法的基础，其特征匹配阶段采用遍历搜索影像的方式，匹配耗时随影像数目增多呈二次方速度增长

续表

算法名称	算法介绍
MCN - SfM	首先采用间接索引法构建影像拓扑，然后依据影像间的关系进行拓扑优化。与本研究删除冗余匹配关系不同，该算法删除冗余影像，以此提升重建效率
TCN - SfM	通过影像拓扑关系约束特征匹配，避免遍历搜索影像，以此提升三维重建效率

2.6.2.1 影像匹配效率对比

大量实验表明，影像中地物的复杂程度影响特征提取数目，进而影响特征匹配效率。为便于对比，本研究忽略同组实验影像间的差异性，以影像匹配的次数表示匹配耗时进行对比评估。本研究以 DN、MCN、TCN 和 MCN 中的边数表示参与影像匹配的次数，评估各种算法的影像匹配效率，结果如表 2.5 所示。结果表明：3 组数据基于 DN 的影像匹配次数最多，分别为 7 875、990 和 1 540，而基于 SCN 的影像匹配次数最少，分别为 234、93 和 133；针对实验 1 和实验 2 而言，采用 MCN 和 TCN 的影像匹配次数相近，而对实验 3 基于 MCN 的影像匹配次数远多于基于 TCN 的影像匹配次数，分别为 1 081 和 310。

表 2.5 影像匹配效率对比

影像匹配次数及实验 / 方法名称	影像匹配次数		
	实验 1	实验 2	实验 3
DN - SfM	7 875	990	1 540
MCN - SfM	2 278	595	1 081
TCN - SfM	1 976	672	310
SCN - SfM	234	93	133

基于表 2.5 中的结果，对上述 3 组实验数据 DN、MCN、TCN 和 MCN 中的边数与其包含的影像数目进行了拟合（见图 2.25）。结果表明：

（1）DN - SfM 算法中影像匹配次数随影像数目增多呈二次方速度增长，时间复杂度为$O(n^2)$。

（2）TCN - SfM 算法和 SCN - SfM 算法中影像匹配次数随影像总数目增多呈线性增长，时间复杂度均为 $O(n)$；分析 TCN - SfM 和 SCN - SfM 曲线斜率可以发现，SCN - SfM 算法的影像匹配耗时约为 TCN - SfM 算法匹配耗时的 0.1 倍。

（3）虽然 MCN - SfM 算法中影像匹配次数与影像总数目呈线性关系，无法说明该算法影像匹配的时间复杂度为 $O(n)$，其原因为：MCN - SfM 算法中删除了部分影像，导致实际参与匹配的影像数目与原影像总数不等，无法估算匹配耗时与原影像总数的关系。

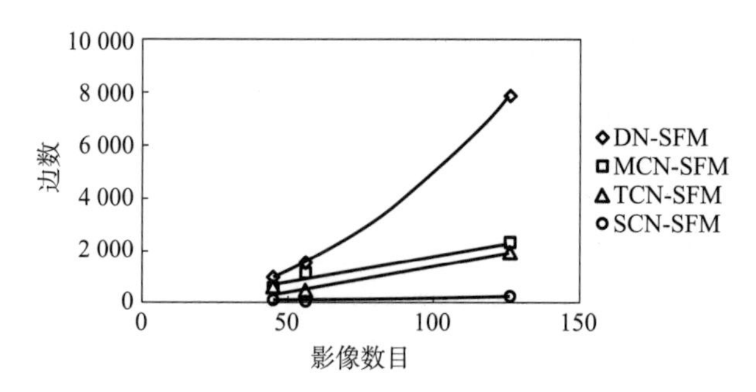

图 2.25　3 组实验数据匹配耗时拟合曲线

2.6.2.2　影像匹配效果对比

为显示方便，本研究以实验数据 1 为例（下同）对比分析上述 4 种 SfM 方法特征匹配的数目及空间分布情况。图 2.26 为采用 DN – SfM、MCN – SfM、TCN – SfM 和本研究算法 SCN – SfM 完成特征匹配的结果。与图 2.20 类似，图 2.26 采用 $n \times n$ 的栅格单元（$n = 126$）记录对应影像对中匹配特征点的数目。图 2.26（a）为 DN – SfM 算法的特征匹配结果，该图中存在大量的噪声，表示对应影像间的特征点匹配数目较少。这是由于 SIFT 特征匹配采用阈值判断，导致非邻接影像之间存在大量的错匹配点。图 2.26（b）为 MCN – SfM 算法的特征匹配结果，与图 2.26（a）类似，图 2.26（b）中也存在大量的噪声。图 2.26（b）中噪声区域出现的条带是由于 MCN – SfM 算法中删除了部分影像导致匹配特征缺失。对比图 2.26（a）可以发现，图 2.26（b）中删掉的影像主要集中在航线的中部。图 2.26（c）（d）分别为 TCN – SfM 和SCN – SfM 算法的特征匹配结果。图 2.26（c）和图 2.26（d）中非邻接影像间没有任何噪声，且邻接影像间匹配的特征点数目与其影像重叠度大小高度一致。与图 2.26（d）相比，图 2.26（c）中在间隔航线的邻接影像中存在大量的噪声，说明该类邻接影像间的匹配特征点数目较少。利用包含错匹配的影像集对场景进行重建易导致误差累积，因此本研究后续采用了 RANSAC 算法去除错匹配点。本研究对实验 2 和实验 3 的特征匹配结果与实验 1 类似，在此不再赘述。

2.6.2.3　重建模型完整性对比

图 2.27 为 DN – SfM、MCN – SfM、TCN – SfM 算法和本研究算法 SCN – SfM 对实验 1 中数据三维重建的结果。结果表明：（1）本研究 SCN – SfM 算法的重建点云与 DN – SfM 和 TCN – SfM 算法的重建点云基本一致，保持了重建区域的完整性。（2）MCN – SfM 算法的重建点云在研究区的中部有部分重建点云缺失，且缺失的部分沿航线方向成线性分布，其原因为 MCN 中删除了部分影像导致局部特征匹配不足，三维重建失败。本研究对实验 2、3 数据的重建结果如图 2.28、图 2.29 所示。其结果表明，4 种方法的重建点云基本一致，均重建出了

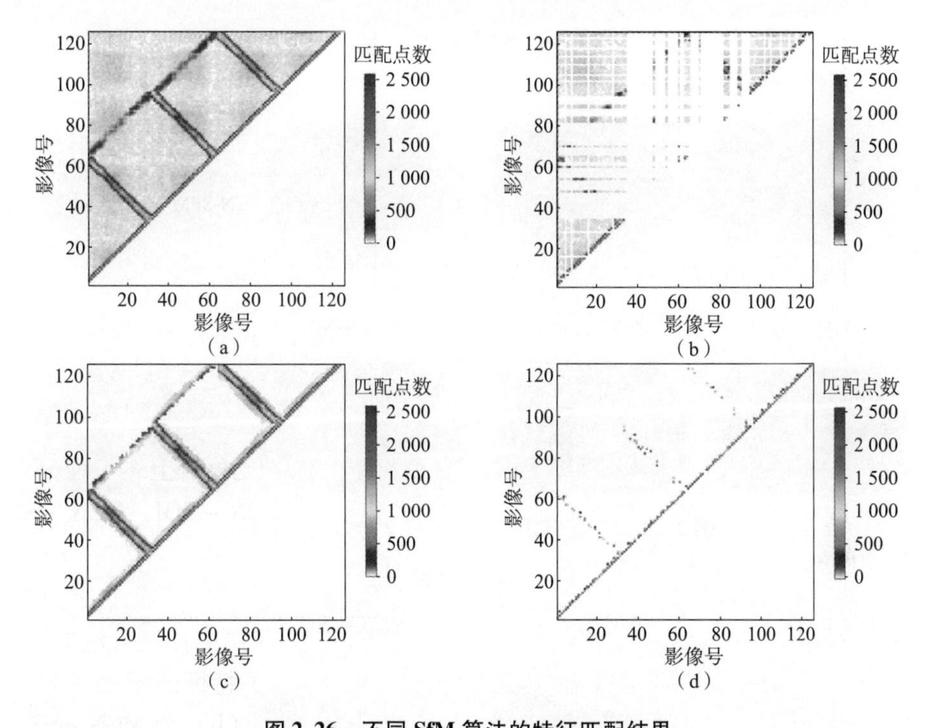

图 2.26　不同 SfM 算法的特征匹配结果

(a) DN－SfM；(b) MCN－SfM；(c) TCN－SfM；(d) SCN－SfM

实验区域的全部覆盖范围。表 2.6 和表 2.7 中分别列出了上述方法三维重建过程用到的影像数目和重建的稀疏点数，从定量的角度验证了上述结果。

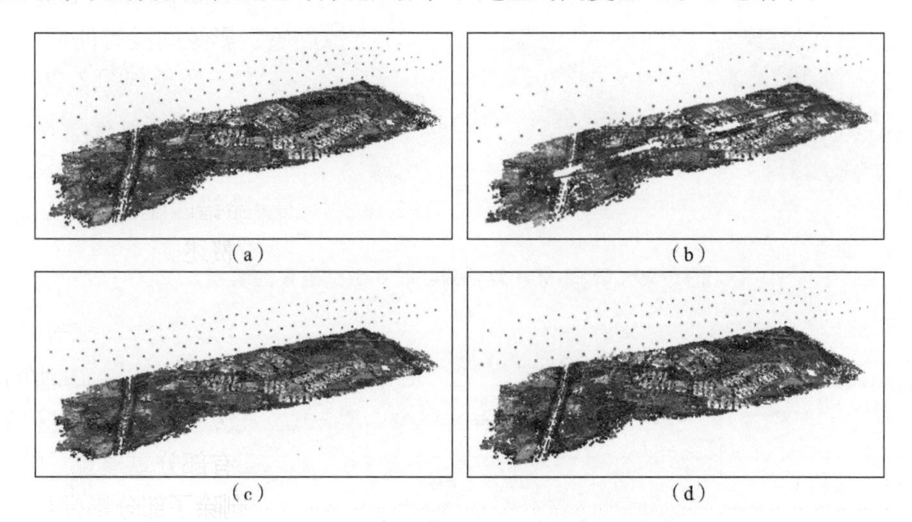

图 2.27　不同 SfM 算法对实验 1 数据的重建结果

(a) DN－SfM；(b) MCN－SfM；(c) TCN－SfM；(d) SCN－SfM

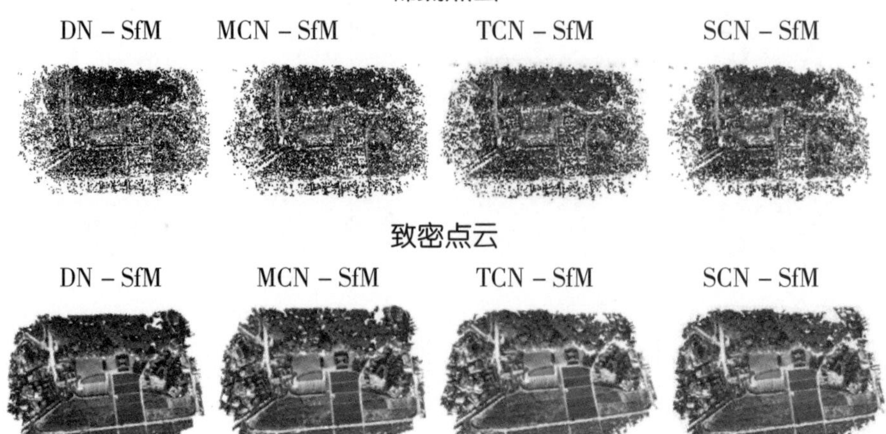

图 2.28　不同 SfM 算法对实验 2 数据的重建结果

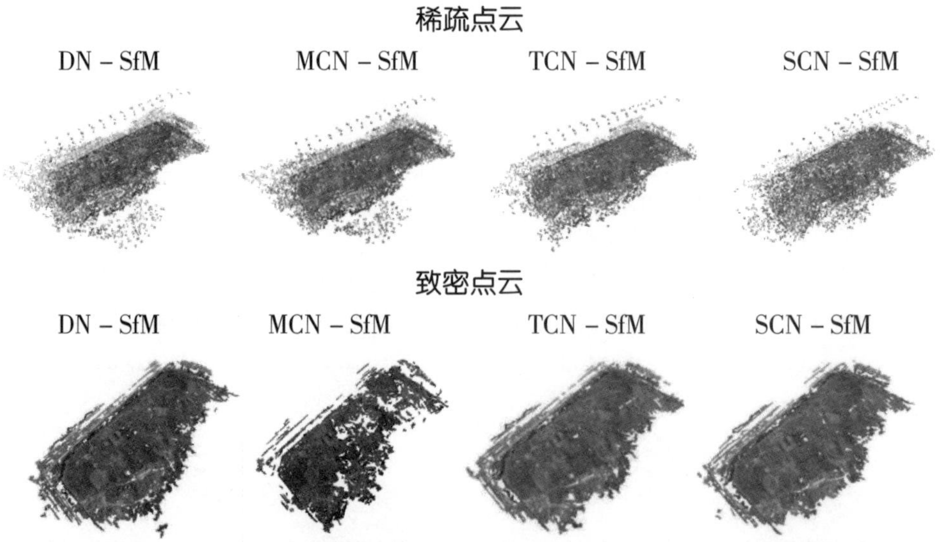

稀疏点云

DN – SfM　MCN – SfM　TCN – SfM　SCN – SfM

致密点云

DN – SfM　MCN – SfM　TCN – SfM　SCN – SfM

图 2.29　不同 SfM 算法对实验 3 数据的重建结果

表 2.6　不同 SfM 算法重建所用的影像数

实验 \ 算法	DN – SfM	MCN – SfM	TCN – SfM	SCN – SfM
实验 1	126	68	126	126
实验 2	45	35	45	45
实验 3	56	47	55	53

表2.7 不同SfM算法重建稀疏点数

实验 \ 算法	DN - SfM	MCN - SfM	TCN - SfM	SCN - SfM
实验1	104，448	53，698	101，781	101，210
实验2	30，308	24，808	30，429	30，415
实验3	26，704	23，470	24，035	23，628

此外，本研究选取了包含947张低空影像的数据集测试SCN - SfM算法处理大数据影像集的能力。该实验区域同实验1，以徐州市中国矿业大学（南湖校区）为中心，覆盖周边范围约2.5 km^2；地物类型与实验1相同，包含植被、道路和建筑群等。图2.30为利用SCN - SfM算法重建得到的该研究区三维点云模型，结果表明：共有745张影像参与了重建，其结果几乎覆盖了实验区的全部范围；地物细节较为明显的城区重建效果较好，而在实验区边缘及航线的拐点覆盖区域未重建出相应点云。分析原因为：（1）该区域影像中纹理信息变化小且地物类型单一，使得提取的SIFT特征点数目较少且相似度较大，导致匹配特征点数目较少，重建失败（实线标示区域）。（2）邻接影像的重叠度过低导致影像匹配点过少，重建失败（虚线标示区域）（许志华等，2015）。上述结果反映了SfM算法的局限性。Snavely（2008）对可能造成SfM算法重建失败的原因做了详细说明，其他可能原因还有初始重建影像对的基线过短或累积投影误差过大等。

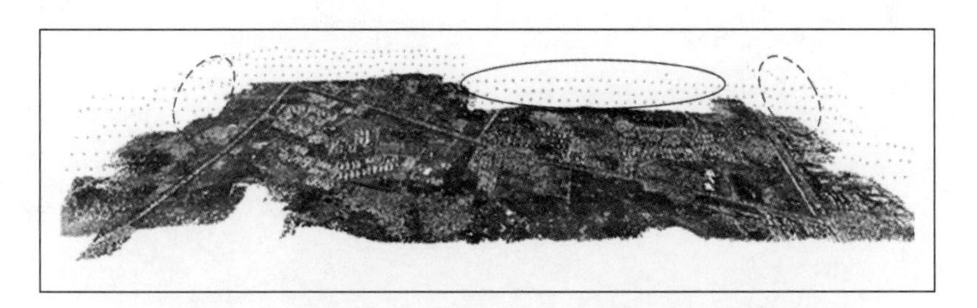

图2.30 SCN - SfM算法对947张低空影像的重建结果

2.6.2.4 重建模型精度对比

以实验2为例评估SCN - SfM算法的重建模型精度。实验区内均匀布设了16个地面控制点（见图2.31），用于SCN - SfM重建点云的坐标转换与精度评估（注：图2.31中*P*2号控制点出现测量错误，本研究在精度评估中未考虑该点）。本研究利用差分GPS测量控制点坐标，保证每个控制点的测量误差小于2 cm。

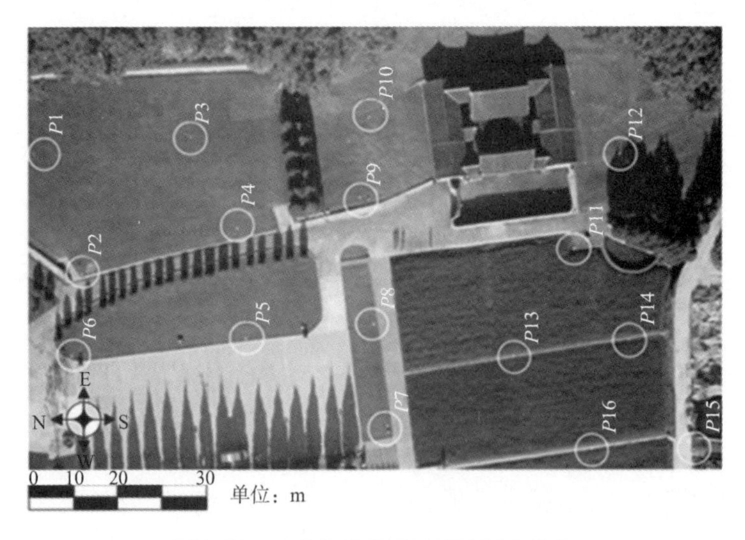

图 2.31 实验 2 影像及地面控制点分布

采用 DN－SfM、MCN－SfM、TCN－SfM 算法和 SCN－SfM 算法对实验 2 中数据进行处理，得到该研究区的三维点云（见图 2.28）。为提高控制点选取精度，采用 PMVS 算法对上述方法重建的稀疏点云进行加密，得到相应的致密点云。图 2.32 为采用本研究方法得到的该研究区的致密点云，点云密度约为 40 点/m^2，可准确选取实验区中 15 个地面控制点的点云坐标。其他 3 种方法生成的致密点云如图 2.28、图 2.29 所示。本研究采用七参数坐标转换方法，将点云坐标系转换到 WGS－84 坐标系，然后计算转换后的地面控制点坐标与 GPS－RTK 测量坐标的残差，记为 Δx，Δy，Δz。

图 2.32 利用 SCN－SfM 和 PMVS 算法生成的实验 2 致密点云

由于坐标转换过程未改变算法本身的重建过程，因此上述控制点坐标残差（Δx，Δy，Δz）主要为 SfM 重建算法的拉伸和局部畸变误差，可以作为评估上述 4 种方法重建模型相对优劣的标准。图 2.33 为不同 SfM 算法重建点云在 x、y 和 z 方向的平均残差。结果表明，4 种 SfM 算法重建模型的精度基本一致，x 和 y 方向的残差标准差约为 $10 \times \mathrm{GSD}$，z 方向的残差标准差约为 $13 \times \mathrm{GSD}$（注：GSD 表示影像地面分辨率，2.6 cm/像素）。

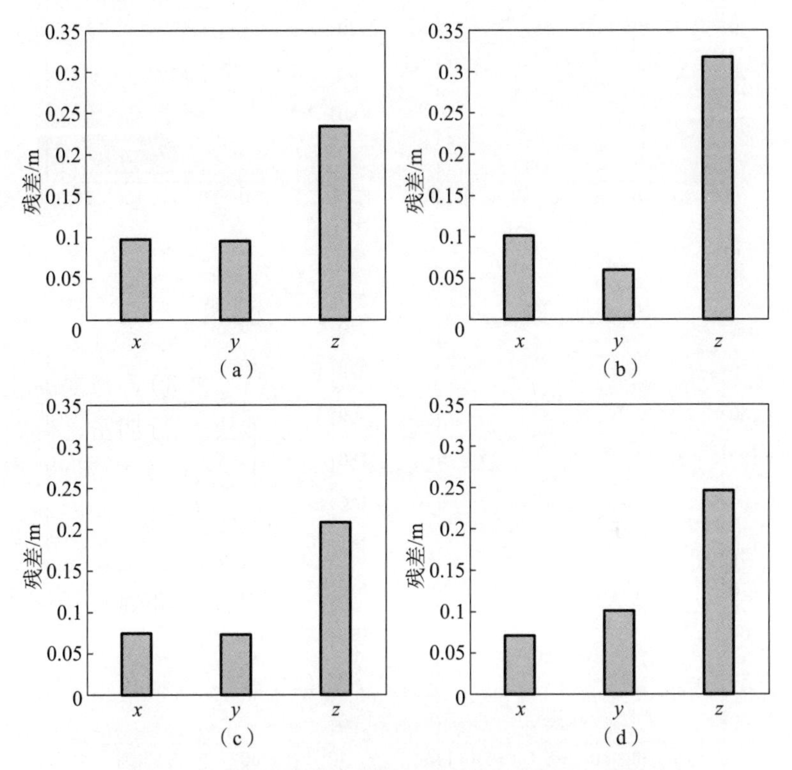

图 2.33　不同 SfM 算法重建点云在 *xyz* 方向上的残差

图 2.34 为 DN – SfM、MCN – SfM、TCN – SfM 和 SCN – SfM 算法得在 xy 平面和 z 方向的平均残差。结果表明：部分地面控制点在 z 方向的残差方向相反且残差值较大，说明重建模型的残差主要来源于 SfM 算法重建过程中的局部畸变，而这种情况在 MCN – SfM 算法的重建结果中最为明显。究其原因，MCN – SfM 算法中删除了部分影像，导致影像匹配稳定性差，造成相机自标定误差变大。由此可进一步推断：SfM 算法中的局部畸变主要源于相机的自标定误差。

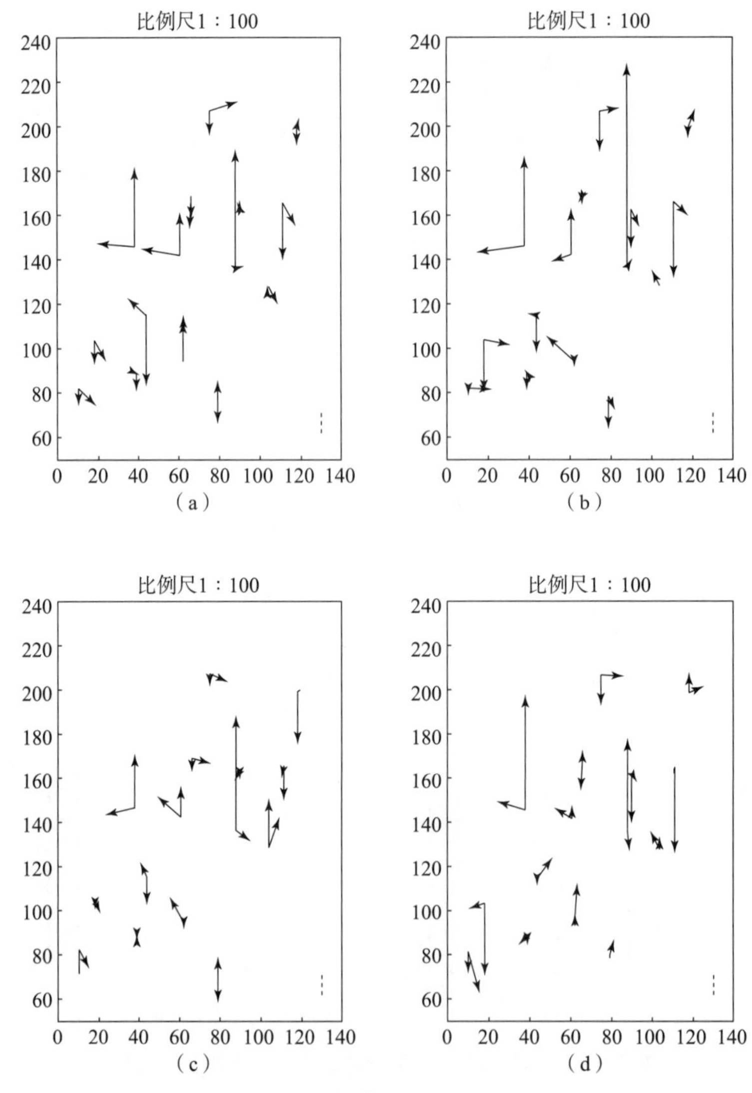

图 2.34　不同 SfM 算法重建控制点在 *xy* 平面和 *z* 方向的残差

（右下虚线表示 10 cm）

(a) DN－SfM；(b) MCN－SfM；(c) TCN－SfM；(d) MCN－SfM

图 2.35 为不同 SfM 算法重建模型的测距相对误差，结果基本一致，精度小于 ±0.005%，表明 SCN－SfM 算法在显著提升重建效率的同时未损失重建模型的精度。

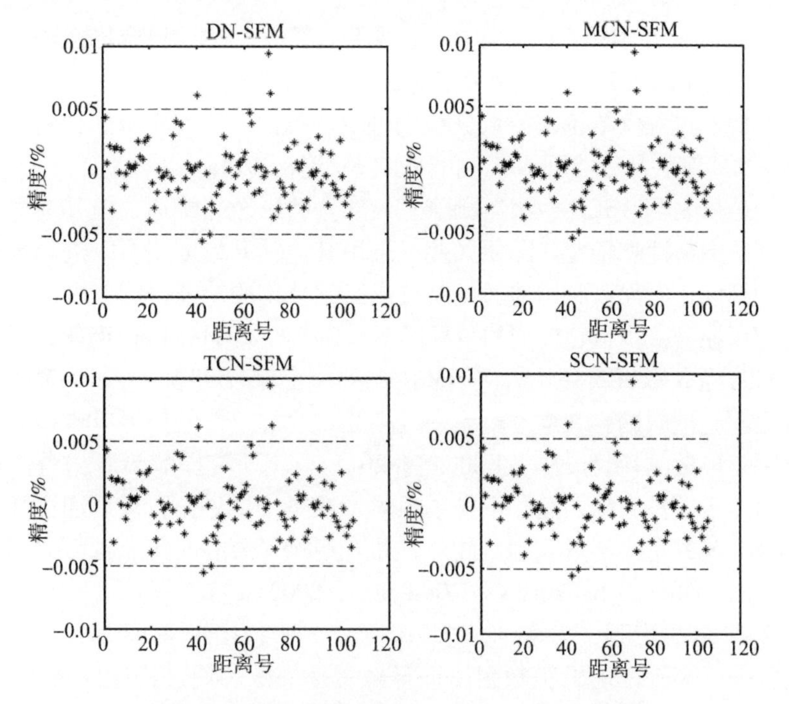

图 2.35　不同 SfM 算法重建点云的测距相对误差

2.7　讨　　论

本研究设计了一种顾及影像拓扑骨架的运动恢复结构（SCN－SfM）算法，用于大数据低空影像的快速三维重建。通过多组实验验证了 SCN－SfM 算法对提高影像匹配效率并保证重建模型质量的有效性。调查发现，国内外学者针对提高 SfM 算法的效率做了大量研究（Alsadik 等，2013；Rupnik 等，2013）。其中，Xu 等（2013）采用最小生成树算法提取影像拓扑骨架 SCN，用于指导影像快速匹配，取得了良好效果。但是该算法提取 SCN 时未考虑邻接影像的重叠度和最小视觉匹配的需求，导致处理大数据低空影像时可能因局部影像匹配不稳而使重建失败。为提高 SCN－SfM 算法的稳定性，本研究创新地提出了一种基于分层度约束的最大生成树算法（HDB－MST）对前者进行优化，主要表现为 5 个方面：（1）基于累积度和重叠度的影像重要性排序；（2）TCN 分层表达；（3）最小度约束；（4）连通性约束；（5）迭代优化。

实验结果表明，影像拓扑骨架 SCN 中包含的影像邻接边数远少于其他 3 种影像邻接图 DN、MCN 和 TCN。影像的最小度约束和累积重叠度是 HDB－MST 算法提取 SCN 的两个关键要素。其中，最小度约束值决定 SCN 中的边数。原则上，该值越小 SCN 中包含的边数越少。实际应用中，建议设定影像的最小度约束值为 2，以保证在最小三目视觉匹配的基础上需要的影像匹配次数最少。此外，SCN 提取过程仅依赖飞控数据和相机硬件参数，与 SfM 算法相对独立，使得 SCN－SfM 算法易于实现 GPU 并行化（Xu 等，2014a）。

实验结果表明，SCN 中虽然删除了大部分的影像邻接边，但并未影响三维重建模型的完整性和精度。即便如此，采用其他辅助数据还可以进一步提高重建模型的精度。例如，利用地面控制点或自然地物的特征线约束恢复重建中的平差过程可显著减少重建模型的累积误差（Gerke，2011；Rupnik 等，2015）。

本研究提取的 SCN 还可解决 SfM 中的另一个耗时问题——集约束平差。最新研究表明，把原始影像集分割为多组相互重叠的子影像集可以避免大数据影像遍历平差导致的耗时爆炸（Toldo 等，2015）。本研究提取 SCN 过程，对 TCN 的分层表达可按影像重要性和拓扑关系对影像集按层划分，进而通过并行重建解决约束平差的迭代耗时问题。此外，通过删除冗余的匹配点也可提高平差效率（Mayer，2014；Schaffalitzky 和 Zisserman，2002）。

图 2.28 结果表明，影像地物类型单一或纹理变化较小的区域，如植被或湖泊覆盖区等，会因匹配特征数目少而导致重建失败。通过构建局部结构特征，如线或面特征，并设计有效的匹配策略有望解决上述问题（Furukawa，2004；Saponaro，2014）。此外，提高影像分辨率可增强影像的地物细节，提高特征匹配数目，对解决上述问题也有一定的效果。本研究未考虑地形变化对 TCN 构建结果的影响，后续研究中对地形起伏较大的区域可借助地面高程模型（DEM）提高 TCN 的精度。

2.8　本章小结

（1）本研究创新地提出了一种顾及影像拓扑骨架的运动恢复结构（SCN－SfM）算法，重点解决了大数据低空影像三维重建中的冗余匹配问题，提高了大场景三维重建的效率。具体提出了一种基于无人机飞控数据的影像拓扑 TCN 构建方法，包括飞控数据转换、拓扑分析与构建等，明确了低空影像集的空间关系。

（2）本研究提出了一种分层度约束的最大生成树 HDB－MST 算法，迭代删除了 TCN 中的冗余边提取了影像拓扑骨架 SCN，在保证影像 3 目匹配的前提下使 SCN 中的边数最少。

（3）以 SCN 中的边为索引约束影像匹配范围，大幅减少了冗余匹配次数，提高了低空影像三维重建效率。

通过多组实验数据对本研究方法进行了验证，得出以下结论：

（1）通过 3 个对比因子（稀疏度、加速比和相似度）验证了 HDB－MST 算法对 TCN 中的误差具有较强的鲁棒性。

（2）HDB－MST 算法提取 SCN 过程具有指数速率的收敛性，SCN 的结构性强。

（3）通过 3 种同类算法（DN－SfM、MCN－SfM 和 TCN－SfM）对比，验证了 SCN－SfM 算法匹配效率、重建模型完整性和模型精度的有效性。与 DN－SfM 算法相比，TCN－SfM 和 SCN－SfM 算法对影像匹配的时间复杂度均由 $O(n^2)$ 降低为 $O(n)$，且 SCN－SfM 算法的匹配效率更高，约为 TCN－SfM 算法的 10 倍；SCN－SfM 算法的重建模型精度较高，测距相对误差小于 $\pm 0.005\%$，为实际灾场三维重建提供了实验参考。

03

第3章 基于低空影像重建点云的灾场地物分类

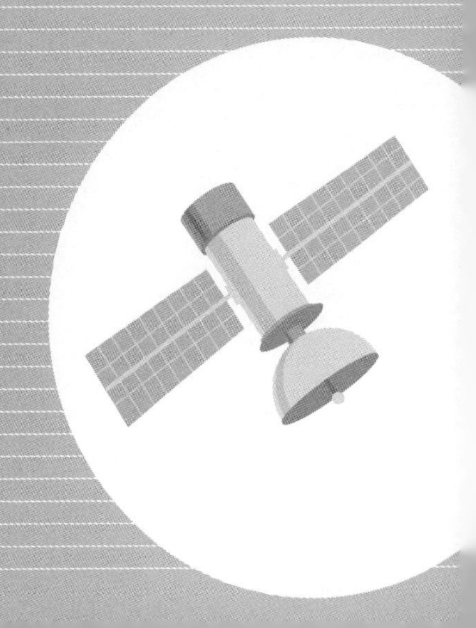

灾场地物分类是灾害测量与灾损评估的关键内容，分类结果可作为建筑物损毁评估的重要依据。本章提出了基于 SCN－SfM 的低空影像快速三维重建方法，可获取具有 RGB 信息的三维点云，为灾场地物的分类研究提供了良好的数据保障。本章针对影像重建点云的特点和灾场地物的复杂性，提出了一套利用低空影像重建点云的灾场地物分类方法。本章研究的主要贡献包括三方面：

（1）基于低空影像重建点云的 RGB 信息和三维坐标提取了多个光谱、纹理和几何特征，并采用线性组合的方式构建点云特征描述子。

（2）针对灾场地物的复杂性，提出了一种基于多类不确定性—边缘采样（MCLU－MS）的主动学习算法，优化采样机制，通过选取少而优的训练样本来节省人力采样成本。

（3）顾及地物的空间关系和上下文信息优化分类后结果，提高灾场地物分类精度。以意大利米拉贝洛 5.9 级地震和四川芦山 7.0 级地震灾区为例，综合测试了本研究方法的有效性。结果表明：（1）基于光谱＋纹理＋几何的组合特征对灾场地物的分类效果较好，总体分类精度达 95%。（2）基于 MCLU－MS 的主动学习算法有效地提高了灾场地物的分类精度，并减少了分类精度达到最大化水平所需的样本数目，凸显了其在灾场地物快速分类的必要性。（3）地物间的空间关系和上下文信息对于优化分类结果具有一定的可行性，且本研究方法对不同场景、不同事件的灾场分类具有一定的可迁移能力。

3.1　分类方法设计

图 3.1 为基于低空影像重建点云的灾场地物分类方法流程图。

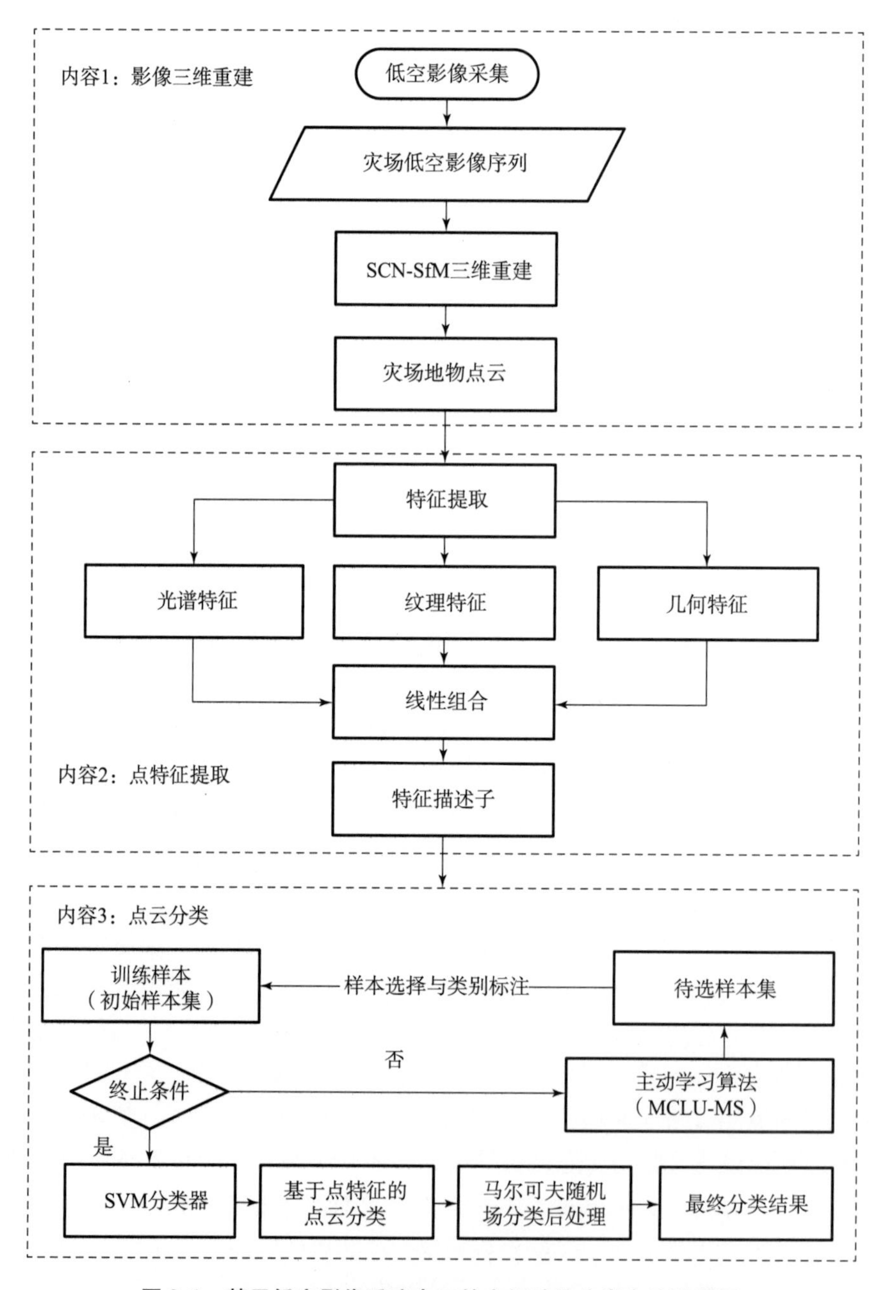

图 3.1　基于低空影像重建点云的灾场地物分类方法流程图

该分类方法首先获取灾场的低空影像，采用 SCN－SfM 算法生成三维点云；然后依据点云的 RGB 信息提取光谱和纹理特征，基于点云三维坐标提取几何信息，采用线性组合的方式构建点云多特征描述子；据此设计合理的主动学习算

法优化样本采样机制，并采用 SVM 监督分类方法进行灾场地物预分类；最后利用马尔可夫随机场模型分析预分类点云的空间关系，以此优化分类结果，提升灾场分类的制图能力。

3.2　特征构建

3.2.1　光谱特征

光谱特征常被用来描述地物对特定波段的反射、吸收或散射等特性。本研究所用的低空影像为普通数码照片，其光谱范围属于可见光的范畴，记录的是地物的 RGB 反射信息。国内外针对 RGB 影像的分类研究已有很多。其中，Permuter 等（2006）采用一定窗口范围的 RGB 均值和其协方差的组合特征模式对影像进行分类，并实验验证了该组合特征相对于单纯 RGB 信息对提高分类精度的有效性；此外，该研究以同样的方式将上述特征组合扩展到 LAB 色彩空间（Hunter，1948；Hunter，1958），构建了 LAB 均值和协方差特征，扩展了特征的维度，丰富了对地物信息的表达程度。参照上述方法，本研究采用 K 邻域范围内的点云 RGB/LAB 均值及其协方差矩阵值构建点云的光谱特征，分别记为 S_{rgbm}、S_{labm}、S_{rgbc}和S_{labc}。由于邻域范围内 RGB 和 LAB 的协方差矩阵（S_{rgbc}和S_{labc}）为对称矩阵，因此本研究仅选用包含对角线元素在内的上三角矩阵元素作为光谱特征。

3.2.2　纹理特征

纹理特征，用来描述地物色彩空间分布的特征，已被广泛用于遥感影像分类研究。大量灾场地物分类研究表明，结合光谱和纹理特征可以有效识别损毁建筑及其坍塌碎屑区域（Matsuoka 和 Yamazaki，2004；Tomowski 等，2011）。常用的纹理计算方法有灰度共生矩阵（Haralick 等，1973）、游程矩阵（Galloway，1975）、小波变换（Galloway，1975）和分形几何（Keller 等，1989）等。上述方法大多针对栅格影像设计，而较难直接用于估算空间分布不规则的低空影像重建点云的纹理信息。然而，分形几何法却是一个特例，基于一定标度区间内地物具有自相似的假设条件，通过估计地物的分形维度来定量描述地物的复杂程度和粗糙度。分形几何法既可以估计规则排列的地物（栅格影像），也可以估计规则性差但具有形态特征的复杂对象。为此，本研究采用分形几何法计算影像重建点云的纹理特征。

分形维数是用来定量刻画地物复杂程度或粗糙度的参数。目前，对于分形维数的定义尚无统一的标准，常用的定义方式有 Hausdorff 维数、布朗运动维数和计盒维数等（Mandelbrot，1983）。其中，布朗运动维数是利用分形布朗运动模型的 Hurst 指数估计的，主要适用于计算较小区域地物的分形维度；计盒维数是通过估计盒子尺度与其对研究区覆盖数的统计关系来计算分形维度，主要适用于范围较大的研究区域，确保分维估计具有一定的统计意义。由于影像重建点云的数目多，本研究采用计盒维数计算点云的纹理特征。

差分盒维数（differential box-counting，DBC）算法是估算计盒维数的常用方法。Al－Kadi 和 Watson（2008）基于 DBC 算法采用滑动窗口方式计算医学影像的分形维度，刻画窗口范围内的纹理粗糙度。基于此，本研究设计了基于点云 RGB 的分形纹理计算方法。其主要思想是将二维影像中计算分形维度的窗口用点的 K 邻域替换，通过统计不同尺度下覆盖到邻域内点云灰度所需的盒子数，来刻画其纹理特征。由于点云分布具有无序性，因此，在计算点云灰度分形维度之前需将无序分布的点云转换到栅格分布空间，具体算法如下：

给定任意点 $p(x, y, z)$，确定其在点云中的 K 个最近邻点集 P_K。首先，将 P_K 点集随机映射在一个边长为 $\sqrt{K+1}$ 的二维平面 OAB 上，垂直于 OAB 平面向上为点集 P_K 的灰度值，如图 3.2 所示；接着，点集 P_K 被一系列尺度 r 划分成 $s \times s$ 大小的格网，其中，$\sqrt{K+1}/2 \geqslant s > 1$，$r = s/\sqrt{K+1}$，每次划分的盒子大小为 $s \times s \times s'$，其中：

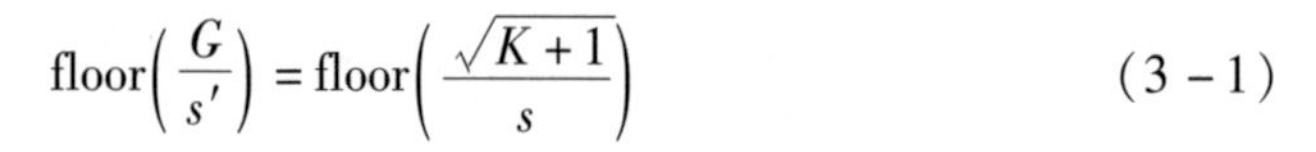

$$\text{floor}\left(\frac{G}{s'}\right) = \text{floor}\left(\frac{\sqrt{K+1}}{s}\right) \qquad (3-1)$$

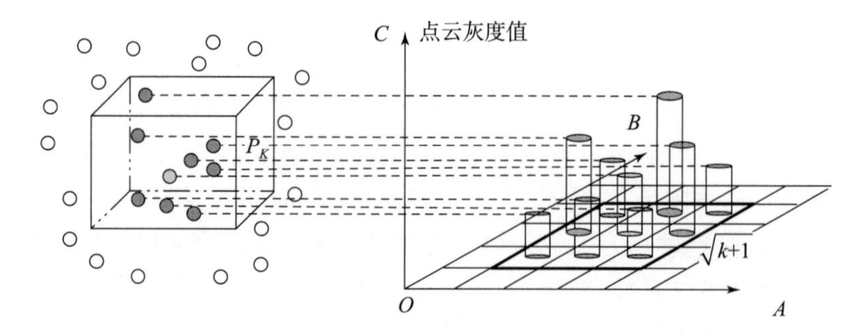

图 3.2　邻域点云灰度值向二维平面映射示意图

式中，G 为点云的灰度级，s' 为盒子的高。由于点云的灰度级为 8 bit，因此点云的灰度级 $G = 2^8 = 256$。假设点集 P_K 中第 (i, j) 个格网包含点灰度的最大值和最小值分别为 $P_{\max}$ 和 $P_{\min}$，则该格网所包含的盒子数 $n_r(i, j)$ 为：

$$n_r(i, j) = \text{floor}\left[\frac{P_{\max}(i, j) - P_{\min}(i, j)}{G} \cdot \frac{\sqrt{K+1}}{s}\right] + 1 \qquad (3-2)$$

设N_r为在尺度 r 下点集P_K统计的所有盒子数，则有 $N_r = \sum_{i,j} n_r(i,j)$。最后采用最小二乘对 $\log(N_r)$ 和 $\log(1/r)$ 进行线性拟合，即得到中心点 $p(x, y, z)$ 的分形维度，记为T_{fd}。

$$T_{fd} = \frac{\log(N_r)}{\log(1/r)} \tag{3-3}$$

依照上述方法计算每个点的分形维度值，具有的特征维度为 1 维。由此看来，每个点的分形纹理值刻画的是其 K 邻域内点云灰度相似度的统计值。分形纹理提取过程中，设置 $\sqrt{K+1}$和 s 均为 2 的指数倍，保证盒子尺寸 s 能被格网长度 $\sqrt{K+1}$整除。本研究设置 $\sqrt{K+1}=16$，$s=\{2, 4, 8, 16\}$。

3.2.3　几何特征

3.2.3.1　点特征直方图

点特征直方图（Point Feature Histogram，PFH）是依据曲面法向量间的空间关系构建的局部统计特征，具有平移和旋转不变性，且对点云的密度和误差有一定的鲁棒性（Rusu 等，2008）。该特征已被成功用于点云的分类（Himmelsbach 等，2009）、目标识别（Alexandre，2012）以及点云配准（Rusu 等，2009）等研究中。PFH 的构建过程如下：

（1）定义：

$p_i = \{x_i, y_i, z_i\}$ 为点云中某点坐标；

$n_i = \{nx_i, ny_i, nz_i\}$ 为以点p_i为中心一定邻域r_1范围内估计的曲面法向量，具有 $\{nx_i, ny_i, nz_i\}$ 三个方向；

$r_2 > r_1$为以p_i为中心的搜索半径，用来搜索其在 r 邻域范围内 k 个最近邻点 P_k^i，其满足条件：

$$\mathrm{dist}(p_i, p_j) \geqslant r_2, \quad p_j \in P_k^i$$

（2）构建过程：

①计算邻域范围内任意两点法向量间的夹角：

针对一对邻近点 $(p_t, p_s) \in \{p_i, P_k^i\}$，$t \neq s$，以其中某点为中心构建局部直角坐标系，如图 3.3 所示（中心点为两点中对应法向量与两点连线夹角较小的一个，见图 3.3 中p_s）。其中，

$$\mu = n_s \tag{3-4}$$

$$v = \mu \times \frac{(p_t - p_s)}{\|p_t - p_s\|_2} \tag{3-5}$$

$$w = \mu \times v \tag{3-6}$$

依据图 3.3 所示坐标系，任意两点法向量间的夹角$(\alpha, \varphi, \theta)$可表示为：

$$\alpha = v \cdot n_t \tag{3-7}$$

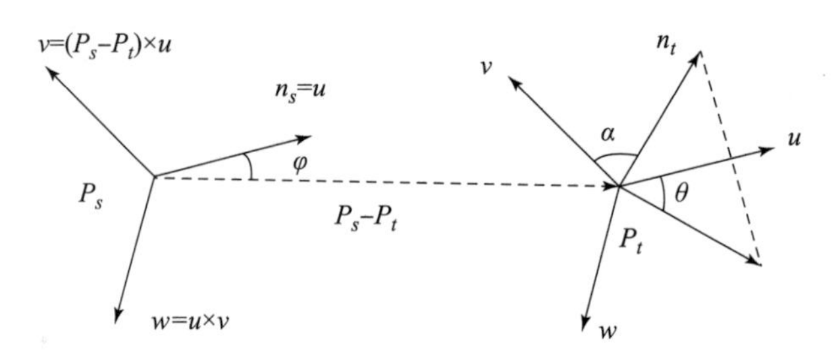

图 3.3　估计点间法向量夹角的示意坐标系

$$\varphi = u \cdot \frac{(p_t - p_s)}{\|p_t - p_s\|_2} \tag{3-8}$$

$$\theta = \arctan(\boldsymbol{w} \cdot \boldsymbol{n}_t \cdot \boldsymbol{\mu} \cdot \boldsymbol{n}_t) \tag{3-9}$$

②构建特征描述子：

把（α，φ，θ）中每个角特征值范围划分为 b 个子区间，并统计每个子区间的点数目，顺序排列，组成一个b^3维度的特征向量PFH_i用来描述点p_i的局部法向特征。在最初的研究中，PFH 的统计特征还包括邻域内点间距离，即 $d = \|p_t - p_s\|_2$。然而，后续研究表明，当局部点云密度影响特征的维度时，省去该特征是有益的（Rusu 等，2009）。由于本研究所用影像重建点云，其密度取决于该地物在影像中表现出来的纹理复杂度，纹理越复杂提取和成功匹配的点特征数越多，点云密度越大。尤其针对复杂的城区灾场，受拍摄角度影像、光照变化和城区建筑的表面色彩（如屋顶颜色变化、墙体漆色差异等）导致相同地物的重建点云密度差异较大。因此，本研究在构建 PFH 特征过程中未考虑距离因素。

参照研究经验，本研究把(α，φ，θ)中每个角特征值范围划分为 5 个子区间，即 $b=5$，致使每个PFH_i为一个 125 维特征向量。由于 PFH 反映的是点在一定邻域范围内的局部特征，阈值选取的大小影响其对地物整体的反映程度。为此，本研究设定两个阈值，分别为$r_2=2\,r_1$和$r_2=3\,r_1$，构建多尺度特征，将每个点的 PFH_i扩展为 250 维描述子。

3.2.3.2　高差

高差（Elevation Difference，ED）是指点到最低点的高程差，其值为 G_{hed}。该特征主要用来区分屋顶和地面及低矮地物。一般城区地形平坦，起伏变化较小，地面点的 G_{hed}近似认为最低点，其值较小，约为零；建筑屋顶的 G_{hed}值相对较大，约等于其建筑高度。建筑高度越高，该特征对屋顶和地面的区分程度贡献越大。此外，针对范围广且地形起伏大的城区，可以先根据地形起伏情况对点云进行分块，保证每个子块点云中地形尽量平坦。公式为：

$$G_{\mathrm{hed}} = H_i - \min(H) \tag{3-10}$$

式中，H_i为p_i点高度，$\min(H)$为点云的高度最小值。

3.2.3.3　高程方差

高程方差（Elevation Variance，EV）是指点在一定邻域范围内高程方向的变化程度，其值为G_{hev}。该特征构建的目的主要是为了区分墙面和屋顶和地面等面状地物。其中，地面和屋顶特征的G_{hev}值较小，且受点云密度的影响很小；而墙面特征的G_{hev}值较大，且在一定程度上随点云密度的减小而增大。实验发现，设定较大的k值邻近点数可以减小点云密度对墙面G_{hev}值的影响。点特征描述如表3.1所示。

表3.1　点特征描述

特征名称		特征描述	特征维度
光谱特征	S_{rgbm}	K邻域点R、G、B均值	3
	S_{rgbc}★	K邻域点R、G、B协方差上三角矩阵值	6
	S_{labm}	K邻域点L、A、B均值	3
	S_{labc}★	K邻域点L、A、B协方差上三角矩阵值	6
纹理特征	T_{fd}	K邻域点灰度相似度统计值	1
几何特征	G_{epfh}	多尺度点特征直方图	250
	G_{hed}	相对高程	1
	G_{hev}	高程变化度	1

注：★文献（Permuter H 2006）中设定窗口大小为16×16像素，本研究为提高计算效率，设定邻域内的点数为64。由于K邻域点的RGB或LAB协方差矩阵为对称矩阵，相应特征仅选择了矩阵中的对角线元素和上三角元素。

$$G_{hev}=\frac{\sum_{i=1}^{k}(H_i-H_{avg}^{k})^2}{k-1} \tag{3-11}$$

式中，H_i为p_i点高度，H_{avg}^{k}为k邻域点内的高程均值。

3.2.4　特征融合

特征融合是指利用多种特征增加单一特征对地物的表达能力。Permuter等（2006）介绍了5种特征融合方法，可归纳为两类，即基于决策级融合方法和多特征组合方法。其中，前者需要建立不同特征之间的因果关系，通过概率模型推理融合机制，常用的融合模型有贝叶斯神经网络模型（Aslam等，2012）、马尔可夫模型（Voisin等，2013）和高斯混合模型（Huang等，2005）等；后者主要依据不同特征对分类精度的贡献按权重直接扩展到多维特征空间（Jiang等，2007）。本研究采用后者对光谱、纹理和几何特征进行线性组合，构建点云特征描述子，记为$\boldsymbol{P}=[S_{rgbm}\quad S_{rgbc}\quad S_{labm}\quad S_{labc}\quad T_{fd}\quad G_{epfh}\quad G_{hed}\quad G_{hev}]$。选择后者的原因有二：（1）其模型简单、处理速度快；（2）便于实验对比，分析不同特征对地物的区分能力和对分类精度的总体贡献。此外，由于光谱特征和纹理特征具有一定的相关性，因此本研究将两者看成一个整体；由于几何特征提取过程与光谱和纹理特征的提取过程相互独立，因此本研究采用等权的方式对上述三个特征进行组合，且为避免特征值域差异对分类精度的影响，将组合特征的值域范围归一化到相同范围（0，1）。

3.3 优化采样与分类

本研究采用支持向量机（Support Vector Machines，SVM）分类器进行监督分类。针对灾场具有地物复杂且对时效性要求高的特点，采用主动学习（Active Learning，AL）算法自动优化采样机制，通过选取少而优的训练样本保证分类精度的最大化和耗时的最小化。

本节首先介绍 SVM 分类器和 AL 算法的基本概念和原理，然后具体介绍适合 SVM 分类器的几种典型 AL 算法，最后提出了基于多类不确定性-边缘采样的 AL 算法。

3.3.1 SVM 分类器

SVM 是一种基于统计学习理论的机器学习算法，采用结构风险最小化原理，在最小化样本误差的同时缩小模型的泛化误差，以提高模型的泛化能力（Cortes 和 Vapnik，1995）。与传统机器学习算法采用经验风险最小化准则不同，SVM 采用结构风险最小化准则：将函数集分为一个函数子集序列，使各个子集按照 VC 维的大小排列；在每个子集中寻找较小经验风险，在子集间考虑经验风险和置信范围，取得实际风险的最小。SVM 的基本原理如下：

针对两类分类问题，$y_i \in \{-1,\ +1\}$ 表示样本所属类别。SVM 分类器通过非线性变换样本投影到某个高维的特征空间 $\varphi(\boldsymbol{x})$，通过寻找一个最优的超平面（Optimal Separating Hyperplane，OSH）来对两个类别进行区分，该超平面的判别函数公式为：

$$f(\boldsymbol{x}) = \boldsymbol{w} \cdot \varphi(\boldsymbol{x}) + b \tag{3-12}$$

式中，$\boldsymbol{w}$ 为权向量，b 为偏移量。与 OSH 平行且在平面 $f(\boldsymbol{x}) = \pm 1$ 上的训练样本称之为支持向量（Support Vectors，SVs），如图 3.4 所示。

SVM 的分类过程是通过最大化两个超平面间的距离和最小化训练样本的分类误差确定 OSH：

$$\min_{\boldsymbol{w},b,\varepsilon_i}\left\{\frac{\|\boldsymbol{w}\|^2}{2} + C\sum_{i=1}^{N}\varepsilon_i\right\} \tag{3-13}$$

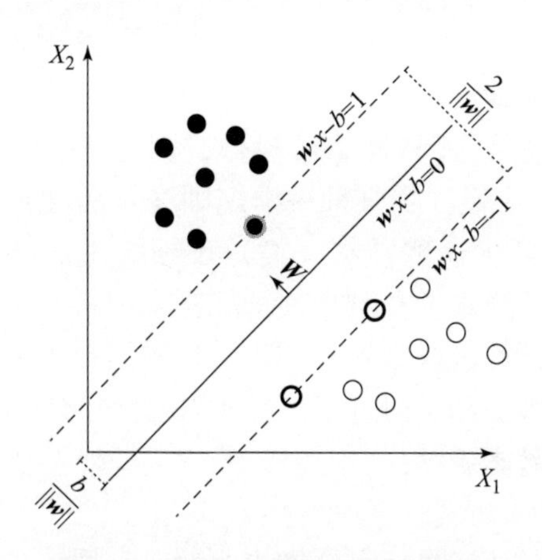

图 3.4　SVM 二维线性可分示意图

式中，ε_i是松弛变量用来考虑不可分的样本；C 为惩罚系数，用来控制区分函数的形状，影响 SVM 的泛化能力。公式（3－13）的最小化问题可以通过 Lagrange 对偶优化来解决，同时，对公式（3－12）可以用核技巧在低维空间来表示高维特征 $\varphi(\boldsymbol{x})$：

$$f(x)=\sum_{x_i\in \mathrm{SV}_s}\alpha_i y_i K(x_i, x_j)+b \tag{3-14}$$

式中，$K(x_i, x_j)$ 表示核函数，SV_s表示支持向量的集合。常用的核函数有两种：

多项式函数（Polynomial Kernel，PK）：

$$K(x_i, x_j)=(x_i\cdot x_j+1)^t \tag{3-15}$$

其中，t 为多项式函数的阶数。

径向基函数（Radial Basis Function，RBF）：

$$K(x_i, x_j)=\exp(-\gamma\|x_i-x_j\|^2) \tag{3-16}$$

式中，γ 为 RBF 函数的宽度。

当用 SVM 来解决多类分类问题时，一般有两种解决方法：一对一（One Against One，OAO）和一对多（One Against All，OAA）。其中，OAO 是对任意两类问题使用同一个 SVM 分类器，采用投票的方式确定样本所属的类别；与 OAO 不同，OAA 是针对 L 类分类问题选用 i 个分类器，利用第 i 个分类器来区分第 i 个类别与其他所有类别，通过对比 SVM 距离函数 $f(\boldsymbol{x})$ 来确定样本所属类别。

3.3.2　主动学习算法

主动学习（Active Learning，AL）算法属于机器学习和模式识别的研究范畴，主要用来解决监督和半监督分类中的样本选择问题。AL 算法通过采集尽量少而优的训练样本实现分类精度的最大化，同时节省人力采样成本和分类耗时。AL 是一个迭代过程，表 3.2 为以 Pool-based AL（Catlett 和 Lewis，1994）为例概括 AL 算法的基本流程（Tuia 等，2011）：第一，给定一个没有标记类的样本集，并把这些样本抽象地放入一个池子（Pool）中。第二，利用当前已标记类的少量样本训练分类器得到 SVM 训练参数，据此对待采样池中的样本进行分类。第三，按 AL 算法中设计的某种采样规则（见后文）选出分类器认为最有效的样本或样本集，并把这些样本（集）反馈给用户对其所属的类别进行标记。第四，把标记类的样本扩充到当前训练样本中再次训练分类器。重复上述过程，通过逐次选择最优的样本对当前训练样本进行扩充。最后，当达到某个预设的终止条件后结束主动学习过程，对地物进行分类。

主动学习算法的基本流程：

算法描述：

迭代训练分类器并选择最优训练样本，期望利用较少的训练样本得到较高的分类精度。

输入：

$X^{\epsilon}=\{x_i, y_i\}_{i=1}^{l}\in\chi$：初始训练样本集，$\chi\in\mathbb{R}^d$表示 d 维的特征空间；$y_i\in\{1, 2, \cdots, N\}$ 为类号；$\epsilon=1$ 表示迭代次数。

$U^{\epsilon}=\{\boldsymbol{x}_i\}_{i=l+1}^{l+u}\in\chi$，$\epsilon=1$：待标记训练样本库。

q：单次迭代需要标记的样本数。

操作步骤：

步骤 1：**Repeat**。

步骤 2：利用当前训练样本集 X^{ϵ} 训练分类器。

步骤 3：**For 任意点** $x_i\in U^{\epsilon}$ **do**。

步骤 4：基于设计的采样方法计算目标函数值 O_i。

步骤 5：**end for**。

步骤 6：基于 O_i大小对 $\boldsymbol{x}_i\in U^{\epsilon}$排序，并选择其中最有效的前 q 个样本：$S^{\epsilon}=\{\boldsymbol{x}_k\}_{k=1}^{q}\in U$。

步骤 7：用户对 S^{ϵ}的类别赋值，即 $S^{\epsilon}=\{x_k, y_k\}_{k=1}^{q}$。

步骤 8：扩充原训练样本为 $X^{\epsilon+1}=X^{\epsilon}\cup S^{\epsilon}$，同时从 U^{ϵ}中删掉已被选中的样本集，即 $U^{\epsilon+1}=U^{\epsilon}/S^{\epsilon}$。

步骤 9：$\epsilon=\epsilon+1$

步骤 10：**Until** 遇到终止条件。

如上述操作步骤 4 斜体字标示，AL 算法的核心是设计有效的采样方法（QF）。一般来讲，不同的采样方法选取的训练样本集不同。Olsson（2009）和 Tuia 等（2011）分别针对 AL 算法在机器学习和遥感影像分类中的应用做了系统的介绍，可将采样方法概况为两类：基于不确定性的采样方法和基于多样性的采样方法。两种方法之间存在一定的联系。一般来讲，基于不确定性的采样

方法较适合每次迭代选择一个样本，而在地物类别复杂的分类场景中，常需采集较多的训练样本，因此，采用基于不确定性的采样方法所需的迭代次数多，分类效率低。为提高采样效率，人们期望单次采集 $h>1$ 个样本，而单纯依靠不确定性采样方法可能导致多个样本间包含相似的信息，对分类结果造成冗余。在此背景下，研究者 Brinker（2003）提出了顾及样本多样性的采样方法（Brinker，2003），即单次选出 $h'\gg h$ 个不确定性最大的样本，从中选取多样性最大的 $h>1$ 个样本。当前基于多样性的采样机制主要有两种：聚类多样性（Cluster-Based Diversity，CBD）和核空间角度多样性（Angle-Based Diversity，ABD）。

虽然加入样本多样性可在一定程度上优化采样机制，提高分类效率，但其操作上具有一定的主观性。例如，基于 ABD 的采样方法中，通过设定阈值来分配样本不确定性和多样性的权重，并采用线性组合的方式确定最终的采样机制。大量实验表明，阈值设定的优劣会影响样本选择的质量，进而影响分类精度。为避免阈值选择问题，E. Pasolli（2011）尝试利用遗传算法来平衡不确定性和多样性的关系。虽然该方法避免了设定阈值的问题，缩小了有效样本的选择范围，但最终仍需设定主观条件进行采样。此外，实验测试得到的基于 SVM 的分类结果表明，基于不确定性的采样机制对于分类结果的贡献已较为明显。

3.3.3　基于不确定性的采样方法

基于不确定性的采样方法是指迭代学习过程，分类器在所有备选的样本集中选取其分类结果最不确定性的样本（集），并将这些样本反馈给用户对其类别进行标记，然后扩充到当前训练样本继续分类。该类算法主要可以概括为 3 种类型：委员会采样法（CBH）（Freund 等，1997；Seung 等，1992）、边缘采样法（MS）（Campbell 等，2000；Schohn 和 Cohn，2000）和概率采样法（PBH）（Luo 等，2004；Roy 和 McCallum，2001）。其中，MS 算法主要针对 SVM 分类器设计，其设计思想为：某次分类后，距离 SVM 所有类对应的超平面距离最近的样本，其分类结果的不确定性最大而被标记出来。委员会法在利用多个分类器的分类研究中应用广泛，其设计思想为：采用多个不同的分类器同时对当前训练样本进行分类，多个分类器的分类结果一致性最差的样本被认为不确定性最大而被选择出来。在该类采样方法中，EQB 法应用较为广泛（Tuia 等，2009）。与上述两种方法不同，基于概率的采样方法是选取能够引起总体样本分类后验概率变化最大的样本，该方法假设样本的类别服从某种分布规律，常用的方法有 KL-Max（Roy 和 McCallum，2001）和 Breaking Ties（Luo 等，2004）。综上所述，由于 MS 算法具有操作简单和对 SVM 分类器适用性强的优点，本研究以 MS 算法为基础，提出了基于多类不确定性—边缘采样的主动学习算法（MCLU－MS），提高单次采集多个样本间的多样性，解决了复杂灾场环境样本选择的问题。

3.3.3.1 边缘采样

如前文所述，边缘采样法（MS）是针对 SVM 分类器设计的采样方法，单次采集分类结果不确定性最大的样本。具体过程为：单次分类后，估计所有待采样本的分类函数到 SVM 超平面的距离 $f(\boldsymbol{x}_i, \omega)$，选择所有样本中 $f(\boldsymbol{x}_i, \omega)$ 最小的样本 $\boldsymbol{x}^{\mathrm{MS}}$，即：

$$\boldsymbol{x}^{\mathrm{MS}} = \arg\min_{x_i \in U^{\epsilon}} \{\min_{\omega} |f(\boldsymbol{x}_i, \omega)|\} \tag{3-17}$$

式中，$f(\boldsymbol{x}_i, \omega)$ 表示样本 $\boldsymbol{x}_i$ 到类 $y_i = \omega$ 超平面的距离。对于两类分类问题，$\omega = -1$ 或 $+1$；而对于多类分类问题，SVM 分类器需采用 OAA 的分类模式。

3.3.3.2 多类不确定性采样

多类不确定性（MCLU）采样方法是对 MS 方法的扩展。与 MS 采样选择 $f(\boldsymbol{x}_i)$ 距离 SVM 中某一类超平面距离最近的样本不同，MCLU 采样则是选择到 SVM 超平面最远和次远距离差值最小的样本：

$$\boldsymbol{x}^{\mathrm{MCLU}} = \arg\min_{x_i \in U^{\epsilon}} \{\max_{\omega \in L} f(x_i, \omega) - \max_{\omega \in L \setminus \omega^+} f(\boldsymbol{x}_i, \omega)\} \tag{3-18}$$

式中，ω^+ 为样本 $\boldsymbol{x}_i$ 最有可能归属的类，即：

$$\omega^+ = \arg\max_{\omega \in L} \{|f(\boldsymbol{x}_i, \omega)|\} \tag{3-19}$$

3.3.3.3 多类不确定性—边缘采样

为提高单次采集多个样本间的多样性，本研究在上述两种方法的基础上，提出了基于多类不确定性—边缘采样法（MCLU－MS），具体过程如下：

设 $\boldsymbol{x}_i \in \mathrm{SVs}$ 为支持向量样本，$f(x_i, \omega)$ 为该样本到 ω 类超平面的距离，则参考上文 MCLU 算法，单次采样选择到 SVM 超平面最近和次近距离差值最小的支持向量样本 $\boldsymbol{x}_{\mathrm{SVs}}^{\mathrm{MCLU}}$，公式为：

$$\boldsymbol{x}_{\mathrm{SVs}}^{\mathrm{MCLU}} = \arg\min_{x_i \in U^{\epsilon}} \{\min_{\omega \in L} f(\boldsymbol{x}_i, \omega) - \min_{\omega \in L \setminus \omega^-} f(\boldsymbol{x}_i, \omega)\} \tag{3-20}$$

式中，ω^- 为样本 $\boldsymbol{x}_i$ 最不可能归属的类，即：

$$\omega^- = \arg\min_{\omega \in L} \{|f(\boldsymbol{x}_i, \omega)|\} \tag{3-21}$$

设 $\boldsymbol{x}^{\mathrm{MS}}$ 和 $\boldsymbol{x}^{\mathrm{MCLU}}$ 分别为上文 MS 和 MCLU 算法选取的分类最不确定的样本，本研究 MCLU－MS 算法单次选择 $h > 1$ 个样本，则 MCLU－MS 单次采集的样本集 $\boldsymbol{x}^{\mathrm{MCLU-MS}}$ 为：

$$\boldsymbol{x}^{\mathrm{MCLU-MS}} = \sum_{i=1}^{h} \min_{x_i \in U^{\epsilon}} \{\boldsymbol{x}^{\mathrm{MS}}, \boldsymbol{x}^{\mathrm{MCLU}}, \boldsymbol{x}_{\mathrm{SVs}}^{\mathrm{MCLU}}\} \tag{3-22}$$

此外，为尽可能保证 $\boldsymbol{x}_{\mathrm{SVs}}^{\mathrm{MCLU}}$ 的不确定性，本研究对公式（3－22）加入约束条件：$|\boldsymbol{x}_{\mathrm{SVs}}^{\mathrm{MCLU}}| < 0.5$。

3.3.4 基于条件随机场模型的分类优化

为了减少错分类水平，本研究采用基于条件随机场（Conditional Random Fields，CRF）对初步分类结果进行全局优化。具体为，令 $G=(V, E)$ 为影像重建点云的图集，其中 V 代表点集，E 代表 K 邻域中各点的邻接关系；令 $L=l_1$，l_2，…，l_n为各点所属类别的标签。我们对点云的图集 G 进行条件随机场优化，旨在使优化后的各点所属类的后验概率最大。该过程可以等效为 Gibbs 能量最小化问题，如公式 3－23 所示：

$$l^* = \arg \min_{l \in L=\{l_1,l_2,\cdots,l_n\}} E(l) \tag{3-23}$$

其中，l_i 是p_i 点的类别，$E(l_i)$ 为p_i 点的 Gibbs 能量值，可进一步简化为公式 3－24。其思想为：将每个点所属类别的后验概率和空间一致性信息集成到条件随机场中，以此对初始分类结果进行整体优化。

$$\mathrm{E}(L \mid V) = \sum D_i(l_i) + \lambda \cdot \sum V_{i,j}(l_i, l_j) \tag{3-24}$$

$$D_i(l_i) = -\log_e \mathrm{P}(l_i \mid p_i) \tag{3-25}$$

式中，D_i 表示数据，λ 表示平滑系数，$\mathrm{P}(l_i \mid p_i)$ 表示 p_i点被分为 l_i类的概率，$V_{i,j}(l_i, l_j)$ 表示类别为 K 邻域范围内类别为 l_i和 l_j的点之间的空间映射约束，其中：

$$V_{i,j}(l_i, l_j) = \begin{cases} 0, & l_i = l_j \\ \omega_{i,j}, & l_i \neq l_j \end{cases} \tag{3-26}$$

式中，$\omega_{i,j}$表示 p_i和 p_j两点法向量夹角的余弦值。

3.4 实验与结果分析

3.4.1 研究区与数据采集

本研究以 2012 年意大利米拉贝洛 5.9 级、2013 年四川芦山 7.0 级和 2008 年四川汶川 7.9 级地震灾区为例对分类方法进行综合实验分析。

（1）意大利米拉贝洛 5.9 级地震灾区。该研究区位于意大利米拉贝洛市，于 2012 年 5 月 20 日遭受 5.9 级地震，导致 17 人死亡，大量房屋结构破损，部分房屋坍塌。图 3.5 为该震区局部无人机影像，图 3.5 中可见，该区域内包括植被、道路、损毁和完好的建筑物，且在损毁建筑物周边散落着大量房屋碎屑。实验数据由意大利 Aibotix 提供，采用八旋翼无人机搭载数码相机，通过手动遥控，获取不同高度、不同角度的灾害重叠影像 166 张，影像大小为4 032 ×3 024

像素，平均空间分辨率为 1 cm。

图 3.5　灾场低空影像

采用第 2 章提出的 SCN－SfM 算法对该研究区 166 张影像进行处理，并采用 PMVS 算法对点云加密处理，生成灾害现场的三维点云（见图 3.6）。与图 3.5 对比可以发现，图 3.6 保留了灾场地物的 RGB 信息，从视觉效果上与低空影像无明显差异；此外，图 3.6 中包含了灾场中的全部地物类型，包括植被、完好建筑、破损建筑、房屋碎屑、地面等，涵盖了灾场地物几乎全部的结构信息。然而，受拍摄角度和地物遮挡的影响，建筑物的部分墙面和植被局部未能重建出全部的点云，且局部地面也因重建失败出现部分点云缺失。

需要指出的是，无人机航拍过程中未获取飞控数据。因此，本研究首先采用间接分析法（降采样影像匹配）构建影像拓扑关系图，然后利用 HDB－MST 算法提取 SCN，指导影像快速重建。此外，由于灾害现场无法及时布设控制点，导致影像重建点云的坐标系为像元尺度的局部坐标系，缺乏现实的物理意义，如方向、比例尺等。假设点云单位为 1 Unit，本研究在保证地物原始空间结构特征的基础上对重建点云进行规则采样，采样间隔为 0.02 Unit，便于后文构建特征时设定合理的阈值，实验点云包含点数为 570 363。

表 3.2 中列出了米拉贝洛震区初始训练样本、待采样本和测试样本的数量。其中，训练样本用来训练分类器，得到相应的分类参数；待采样本抽象为放入一个池子，用于主动学习过程从中选取合适的训练样本。我们事先对待采样池

图3.6　灾场低空影像重建点云

中的样本归属类别做了标记，采用本研究提出的 MCLU – MS 算法，每次迭代在待采样池中选出分类器认为最有效的样本，并自动地移动到当前训练样本集中进行下一次分类。本研究设定单次迭代过程选取的训练样本数为5个；测试样本用来评估地物分类的精度。此外，三套样本集空间分布均匀且相互独立。

表3.2　米拉贝洛震区样本类型与样本数

类别	初始训练样本个数	待采样本数	测试样本数
碎屑	447	4 471	5 141
屋顶	74	14 341	15 798
墙面	394	4 221	4 669
地面	1 424	22 390	24 834
植被	304	4 890	5 417
总数	2 643	50 613	55 859

（2）四川芦山7.0级地震灾区。该研究区位于四川省芦山县，于2013年4月20日遭受7.0级地震，导致大量人员伤亡和房屋倒损。实验数据采集选在宝

盛乡玉溪村，2013 年 4 月 24 日由北京德中天地科技有限责任有限公司采用旋翼无人机搭载 Canon EOS 5D Mark Ⅱ 数码相机获取，共获取影像 93 张，影像大小为 5 616 × 3 744 像素，平均分辨率为 2.6 cm。

数据采集过程中获取了飞控数据，记录了相机的位置和姿态等信息。图 3.7（a）和图 3.7（b）分别为研究区正摄影像（采用 Pix4D 软件生成）和利用 SCN－SfM 算法生成的低空影像重建点云。与米拉贝洛震区一样，芦山震区的影像重建点云包含地物的 RGB 信息和三维坐标。本研究利用飞控数据记录的无人机位置将影像重建点云转换到 WGS－84 坐标系。图 3.7（b）中的点云数据按高程范围（－9.011～15.353 m）显示，颜色越深，表示高程越大。按间隔 0.2 m 对影像重建点云进行规则采样，剩余点数为 1 603 537。重建点云中除极少数区域出现镂空外，包含了灾场中的所有地物。由于影像采集过程拍摄角基本正射，获取建筑物侧面信息较少，导致重建点云中不包括建筑物墙体信息。据此，本研究设定地物类型为：建筑物屋顶、房屋碎屑、地面、植被和低矮地物（车辆和临时帐篷等）。

（a）

（b）

图 3.7　芦山震区无人机影像及低空影像重建点云

（a）无人机影像；（b）低空影像重建云点

表 3.3 列出了初始训练样本、待采样池中样本和测试样本的数量。与米粒贝洛震区实验相同，设定单次采样数目为 5，三套样本集空间分布均匀且相互独立。依据米粒贝洛震区实验方法得到 SVM 分类器参数 C 和 σ，如表 3.4 所示。

表 3.3　芦山震区样本类型与样本数

类别	训练样本个数	待采样本数	测试样本数
碎屑	501	938	2 133
屋顶	826	7 962	11 614
低矮地物	356	1 285	2 493
地面	997	3 321	7 473
植被	532	2 664	3 006
总数	3 212	16 170	26 719

（3）四川汶川 7.9 级地震灾区。该研究区位于四川省绵阳县（今为绵阳市）汉旺镇，该地区于 2008 年 5 月 12 日遭受 7.9 级地震，导致大量人员伤亡和房屋倒损。本次实验采用固定翼无人机搭载 Canon EOS 5D MarkⅡ数码相机获取，共获取影像 215 张，影像平均分辨率为 8 cm。与芦山震区实验一样，采用 Pix4D 商业软件进行影像预处理，生成 WGS－84 坐标系下的彩色点云，如图 3.8 所示。为提高数据处理效率，本研究对生成的点云进行重采样，采样间隔为 0.3 m，保留 9 668 380 个点。基于此，本研究从该研究区中选取两个不同的子区域，命名为 Site C－1（见图 3.8（a））和 Site C－2（见图 3.8（b））来测试分类方法的通用性。为此，本研究设计了两个实验：

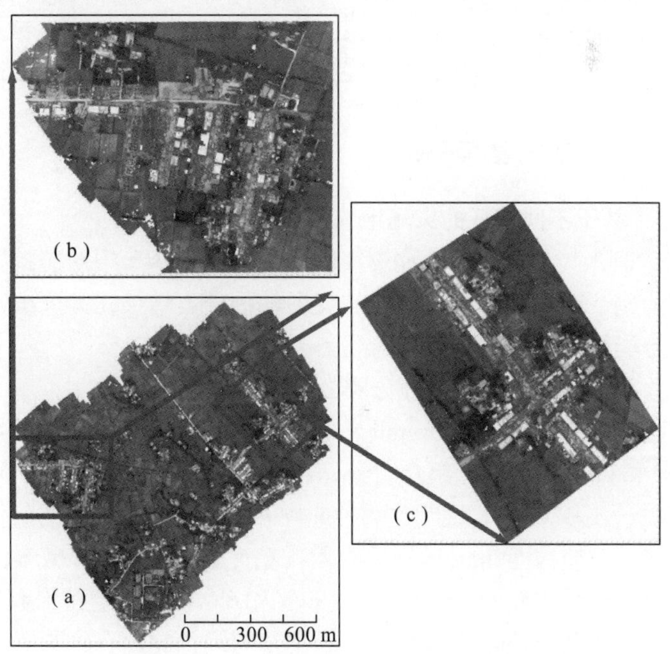

图 3.8　汶川汉旺镇无人机影像重建点云

（a）灾区全貌；（b）灾区局部 Site C－1；（c）灾区局部 Site C－2

①我们利用芦山震区中的训练样本训练 SVM 分类器，将得到的训练参数直接对汉旺镇震区中 Site C－1 的点云进行分类，且在后续的主动学习过程中不断增加 Site C－1 中的训练样本。

②在汉旺镇震区 Site C－1 中选取训练样本训练 SVM 分类器，并将得到的训练参数对 Site C－2 中的点云进行分类，且在后续的主动学习过程中不断增加 Site C－2 中的训练样本。

3.4.2 SVM 参数设置

采用径向基函数（RBF）作为 SVM 分类的核函数，并采用一对多（OAA）的方式进行灾场地物分类。基于初始训练样本，采用 3－fold 交叉验证的方法估算 SVM 分类器参数（C，σ）。其中，C 和 σ 的取值范围分别为 $C \in \{\log(0), \log(2), \log(5)\}$，$\sigma \in \{\log(-2), \log(1), \log(5)\}$。表 3.4 列出了利用不同特征（光谱＋纹理、几何、光谱＋纹理＋几何）估算的 SVM 分类器参数。

表 3.4 SVM 分类器参数

震区	SVM 分类器参数	光谱＋纹理	几何	光谱＋纹理＋几何
米拉贝洛震区	C	100	100	31.62
	σ	0.32	0.32	0.32
芦山震区	C	10	10	10
	σ	0.06	0.06	0.32

3.4.3 实验与结果分析

3.4.3.1 基于不同特征的灾场地物分类

（1）意大利米拉贝洛 5.9 级地震灾区。本节以表 3.3 中对应初始训练样本和测试样本为例，对比基于不同特征的灾场地物分类结果，并分析不同特征对灾场地物的分类能力。

表 3.5 为基于光谱＋纹理特征分类的混淆矩阵。结果表明：基于光谱＋纹理的灾场地物分类总体精度（Overall Accuracy，OA）和 Kappa 系数均较低，分别为 67.42% 和 0.56；该特征组合对地面和植被的分类效果较好，其用户精度分别为 87.52% 和 91.67%，说明这两种地物的光谱＋纹理特征与其他几类地物差异较大，尤其对植被而言，其分类的用户精度最高，为 91.67%；墙面和屋顶的分类精度接近且均较低，分别为 41.90% 和 68.33%；墙面和屋顶的相互错分明显，这是导致两类地物分类精度低的主要原因；此外，碎屑的分类精度最低，仅为 28.48%，约 70% 的碎屑物被错分为屋顶（50%，5 872/12 319）和墙面（20%，2 245/12 319）。分析碎屑、屋顶和墙面错分的原因为：该研究区建

筑类型单一，均为砌体结构，且建筑材料基本相同，导致三者地物的光谱特征基本一致，单纯基于光谱+纹理特征对三者的可分性低。

表3.5　米拉贝洛震区基于光谱+纹理特征初始分类的混淆矩阵

类别	碎屑	屋顶	墙面	地面	植被	总数	用户精度/%
碎屑	3 509	**5 872**	**2 245**	519	174	12 319	28.48
屋顶	606	3 965	***1 049***	183	0	5 803	68.33
墙面	233	***3 064***	2 832	630	0	6 759	41.90
地面	748	1 486	309	21 974	591	25 108	**87.52**
植被	82	276	29	102	5 381	5 870	**91.67**
总数	5 178	14 663	6 464	23 408	6 146	55 859	
OA=67.42%；Kappa=0.56							

表3.6为基于几何特征对灾场地物分类的结果，其地物分类的总体精度和Kappa系数较前者更低，分别为63.16%和0.50。此外，相对于光谱+纹理特征的分类结果，几何特征对屋顶和墙面的分类精度均有明显提高，其用户精度分别为89.00%和72.88%，这主要得益于两者之间错分率大幅下降。此外，植被的分类精度下降幅度较大，其用户精度仅为33.63%，被大量错分为屋顶、墙面和地面。究其原因：植被种类多，高大树木的树冠高度与建筑物基本一致，低矮建筑高度上与地面接近，据此可认为导致屋顶、地面和屋顶错分几何特征主要为“绝对高差”；此外，高大植被在空间分布上呈垂直分布，其“高程方差”的值与墙面基本一致，均较大，由此推断造成植被与墙面错分的主要几何特征为“高程方差”。因此，在后续研究以几何特征为主导的分类问题时需考虑新的几何特征，如点云密度等，来避免植被与其他地物的错分。表3.6中碎屑的分类结果依然最差，其用户精度为28.88%，与基于光谱+纹理特征的分类结果几乎相同。然而，本次分类中造成碎屑精度低的原因与表3.5中原因不同。本次分类中，50%以上的碎屑物被错分为地面点，主要原因为绝大多数碎屑物散落在地面上，导致两者在空间上分布上差别较小，几何特征相近，但并不完全相同。

表3.6　米拉贝洛震区基于几何特初始征分类的混淆矩阵

类别	碎屑	屋顶	墙面	地面	植被	总数	用户精度/%
碎屑	2 047	891	62	**3 576**	513	7 089	28.88
屋顶	143	7 540	60	586	143	8 472	**89.00**
墙面	414	228	4 270	129	818	5 859	**72.88**

续表

类别	碎屑	屋顶	墙面	地面	植被	总数	用户精度/%
地面	2 370	2 083	244	17 680	928	23 305	75. 86
植被	204	**3 921**	1 828	1 437	3 744	**11 134**	33. 63
总数	5 178	14 663	6 464	23 408	6 146	55 859	
OA =63. 16% ； Kappa =0. 50							

表 3. 7 为基于光谱 + 纹理 + 几何特征对灾场地物分类的混淆矩阵。相比上述两类特征的分类结果，该组合特征对地物分类的总体精度和 Kappa 有明显提高，分别为 87. 08% 和 0. 82。此外，各种地物的用户精度均有一定程度的提高。其中，屋顶、地面和植被的分类精度均在 90% 以上，植被的分类精度最高，达 97. 21% 。虽然碎屑的分类精度仍最低，为 63. 89% ，但其相对于上述两类特征的分类精度有明显提高，约 3 倍。

图 3. 9（a）为基于光谱 + 纹理特征的分类结果。与表 3. 5 中混淆矩阵结果一样，建筑屋顶和墙面、碎屑物之间错分严重。大量建筑屋顶被错分为碎屑和墙面，而墙面和碎屑物之间的错分现象较弱；相反，植被和地面的分类效果较好且类内均匀。

表 3. 7　基于光谱 + 纹理 + 几何特征分类的混淆矩阵

类别	碎屑	屋顶	墙面	地面	植被	总数	用户精度/%
碎屑	3 645	1 106	390	535	29	5 705	**63. 89**
屋顶	494	10 914	474	118	0	12 000	**90. 95**
墙面	191	1 324	5 417	2	0	6 934	**78. 12**
地面	842	1 283	170	22 635	86	25 016	**90. 48**
植被	6	36	13	118	6 031	6 204	**97. 21**
总数	5 178	14 663	6 464	23 408	6 146	55 859	
OA =87. 08% ； Kappa =0. 82							

图 3. 9（b）为单纯基于几何特征的分类结果。图 3. 9（b）存在大量的椒盐噪声，主要为地面、碎屑和植被之间相互错分导致。图 3. 9（b）大量建筑屋顶和墙面被错分为植被，而且这些被错分的点高程较大且在空间分布上与植被保持一致；高程较低的墙面基本全部被正确分类。图 3. 9（c）为基于光谱 + 纹理 + 几何特征的分类结果。从视觉上看，除少量屋顶被错分为地面之外，其他地物均分类正确。

综合分析，基于几何特征分类的结果椒盐现象严重，而其他两类特征的分类结果类内较均匀；光谱+纹理特征对植被和地面分类效果较好，而几何特征对低矮墙面的分类效果较好；虽然基于光谱+纹理+几何特征对各种地物的分类精度均有一定程度的提高，但是其分类结果中引入了新的错分类别，如图3.9（c）中部分屋顶点被错分为地面，而这种错分情况在图3.9（a）和图3.9（b）中均并未出现。因此，对多个特征的线性组合不等同于各自特征分类结果的绝对互补。此外，上述分类的结果种均有一定的错分，说明初始训练样本中可能包含一定的错点，这在后文基于主动学习的分类结果中得到验证。

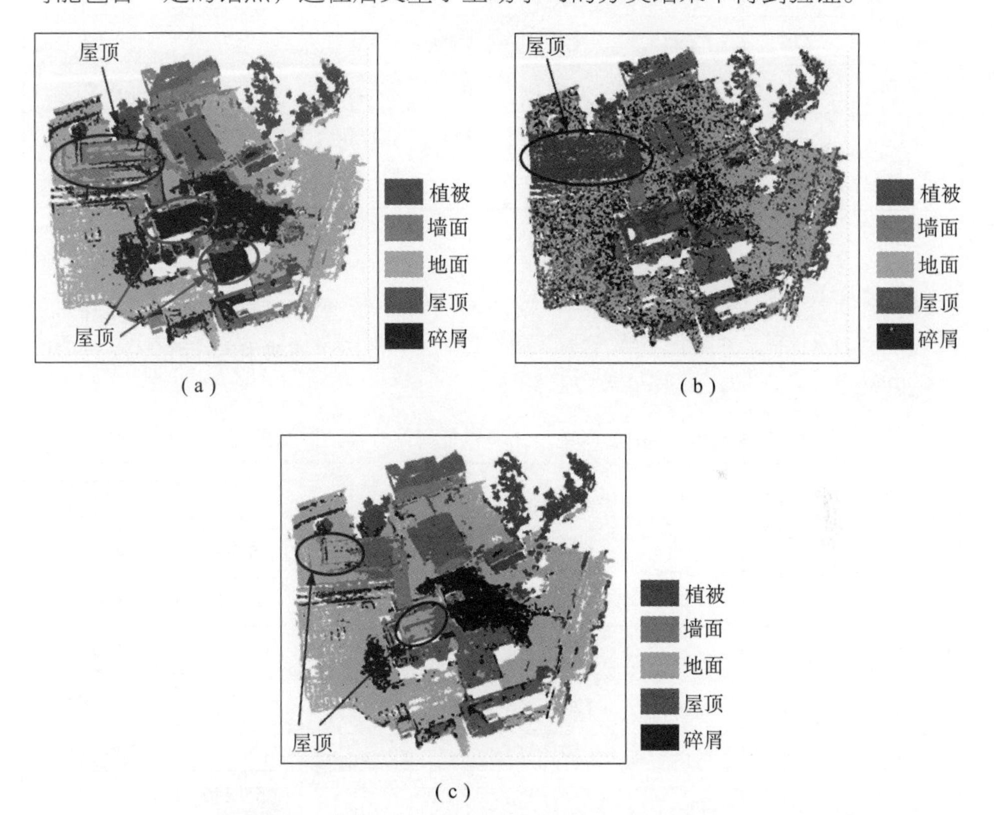

图3.9 基于初始训练样本分类结果（米拉贝洛震区）

（a）基于光谱+纹理特征；（b）基于几何特征；（c）基于光谱+纹理+几何特征

（2）芦山7.0级地震灾区。

表3.8为芦山震区基于光谱+纹理特征初始分类的混淆矩阵，总体分类精度和Kappa系数分别为72.78%和0.61。与米拉贝洛震区分类的结果类似，光谱+纹理特征对地面和植被的分类精度较高，其中植被的分类精度为100%；虽然碎屑的分类精度较米拉贝洛震区实验中的28.46%明显提高，为43.62%，但是其被错分的地物类型几乎全部为屋顶，进一步验证了碎屑与屋顶的从属关

系，即碎屑是屋顶破碎了的表现形式，其光谱特征保持一致，单纯依靠光谱 + 纹理特征对两类地物的可分性低；屋顶与低矮地物间的错分比较严重。

表 3.8　芦山震区基于光谱 + 纹理特征初始分类的混淆矩阵

类型	碎屑	屋顶	低矮地物	地面	植被	总数	用户精度/%
碎屑	1 084	1 396	0	5	0	2 485	43. 62
屋顶	713	8 449	1 452	1 356	229	12 199	69. 26
低矮地物	98	374	1 037	12	0	1 521	68. 18
地面	238	1 395	4	6 100	0	7 737	78. 84
植被	0	0	0	0	2 777	2 777	100
总数	2 133	11 614	2 493	7 473	3 006	26 719	
OA = 72. 78% ；Kappa = 0. 60							

表 3. 9 为芦山震区基于几何特征初始分类的混淆矩阵，总体分类精度和 Kappa 系数分别为 68. 57% 和 0. 55，较光谱 + 纹理特征的初始分类精度稍低。结果表明，几何特征对屋顶的分类精度较高，为 84. 09% ，而对植被和碎屑的分类精度较低，分别为 28. 16% 和 22. 80% 。

表 3.9　芦山震区基于几何特征初始分类的混淆矩阵

类型	碎屑	屋顶	低矮地物	地面	植被	总数	用户精度/%
碎屑	503	228	283	682	510	2 206	22. 80
屋顶	219	9 930	676	289	695	11 809	84. 09
低矮地物	131	320	923	75	262	1 711	53. 95
地面	628	220	170	6 015	590	7 623	78. 91
植被	652	916	441	412	949	3 370	28. 16
总数	2 133	11 614	2 493	7 473	3 006	26 719	
OA = 68. 57% ；Kappa = 0. 55							

表 3. 10 为基于光谱 + 纹理 + 几何特征初始分类的混淆矩阵，总体分类精度和 Kappa 系数较上述两组特征分类结果均有明显提高，分别为 93. 23% 和 0. 90。结果显示，除了部分低矮地物被错分为屋顶和碎屑导致其用户精度较低（75. 18% ），其他地物的分类精度均在 90% 左右，最高为屋顶和植被，分别为 96. 61% 和 99. 38% 。

表 3.10　芦山震区基于光谱 + 纹理 + 几何特征初始分类的混淆矩阵

类型	碎屑	屋顶	低矮地物	地面	植被	总数	用户精度/%
碎屑	1 453	76	103	27	12	1 671	86.95
屋顶	230	10 881	130	22	0	11 263	96.61
低矮地物	128	612	2 248	2	0	2 990	75.18
地面	315	34	12	7 422	87	7 870	94.30
植被	7	11	0	0	2 907	2 925	99.38
总数	2 133	11 614	2 493	7 473	3 006	26 719	
OA = 93.23%；Kappa = 0.90							

图 3.10 为芦山震区基于不同特征的初始训练样本分类结果。与米拉贝洛震区的初始分类结果相似，各类地物之间存在着明显的错分。图中椭圆标识范围显示，即使各类地物的用户精度接近 100%，植被、地面和屋顶三类地物仍有显著错分。

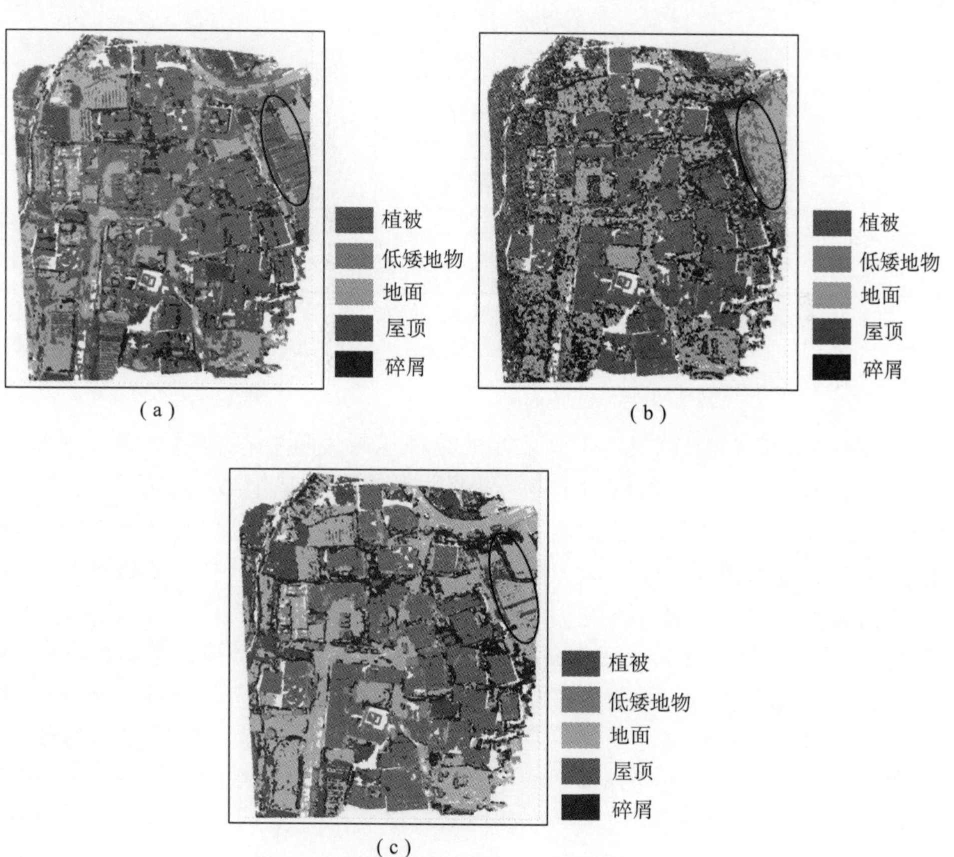

图 3.10　基于不同特征初始训练样本分类结果（芦山震区）

(a) 基于光谱 + 纹理特征；(b) 基于几何特征；(c) 基于光谱 + 纹理 + 几何特征

3.4.3.2 基于主动学习的训练样本采集

(1) 米拉贝洛 5.9 级地震灾区。

本节以表 3.2 中所有样本为例，测试 MCLU – MS 算法在不同特征分类过程的采样结果，旨在验证 MCLU – MS 算法相对于随机采样对提高灾场地物分类精度的有效性。表 3.11 为米拉贝洛震区运用 MCLU – MS 算法对不同特征分类过程中的地物样本采样结果。

表 3.11 米拉贝洛震区地物样本采样结果

类型	初始样本数	待采样本数	测试样本数	运用 MCLU – MS 算法采集样本数			随机采集样本数
				光谱 + 纹理	几何	光谱 + 纹理 + 几何	
碎屑	447	4 471	5 141	89	52	99	34
屋顶	74	14 341	15 798	170	119	113	105
墙面	394	4 221	4 669	47	8	61	49
地面	1 424	22 390	24 834	79	165	100	170
植被	304	4 890	5 417	10	51	22	37
总数	2 643	50 613	55 859	395	395	395	395

注：由于随机采样过程采用 Matlab 内置 Rand 函数，其采样结果与地物的特征无关，仅与地物样本的数目及其在待采样池中的顺序有关。因此，在利用特征的分类过程中各类地物样本采集的数目相等。

分析 MCLU – MS 算法对不同地物的采样结果发现：在利用光谱 + 纹理特征和光谱 + 纹理 + 几何特征对地物分类的过程中，采集植被样本的数目最少。分析原因为：上述两组特征对植被的分类精度较高，且随着采集样本数目的增加植被的分类精度变化不大。基于几何特征的分类过程中，采集墙面样本的数目最少，仅为 8 个，这说明墙面在分类中被错分的类别单一且数目较少，如图 3.9（b）所示，仅有部分高程较大的墙面被错分为植被，其他墙面分类准确且类内均匀度高。随着 MCLU – MS 算法指导分类器选取了被错分的少量墙面样本后，将其所属类别进行正确标记并扩充到训练样本中得到较好的分类器参数，使得墙面地物分类精度迅速提升并保持稳定；相反，基于几何特征的分类过程中，地面和屋顶类别的样本采集数目最多，分别为 165 个和 119 个，分析原因为：虽然地面和屋顶的初始分类精度较高，分别为 75.86% 和 89%，但是这两类地物与其他多类地物错分严重，如图 3.9（b）所示，导致迭代学习过程中需要不断加入新的样本纠正 SVM 的训练参数，逐渐纠正其分

类结果达到最优。

（2）芦山 7.0 级地震灾区。

本节以表 3.3 中所有样本为例，测试 MCLU－MS 算法在不同特征分类过程的采样结果，旨在验证 MCLU－MS 算法相对随机采样对提高灾场地物分类精度的有效性。表 3.12 为芦山震区运用MCLU－MS 算法对不同特征分类过程中的地物样本采样结果。

表 3.12　芦山震区地物样本采样结果

类型	初始样本数	待采样本数	测试样本数	运用 MCLU－MS 算法采集样本数			随机采集样本数
				光谱＋纹理	几何	光谱＋纹理＋几何	
碎屑	501	938	2 133	34	32	87	23
屋顶	826	7 962	11 614	203	194	133	195
低矮地物	356	1 285	2 493	27	23	68	31
地面	997	3 321	7 473	*83*	65	76	81
植被	532	2 664	3 006	*48*	81	31	65
总数	3 212	16 170	26 719	395	395	395	395

与米拉贝洛震区采样的结果类似，芦山震区基于不同特征的采样结果表明，MCLU－MS 算法相比随机采样方法选择碎屑样本的数量多，这种现象在基于光谱＋纹理＋几何特征的分类实验中尤为显著。

3.4.3.3　主动学习分类参数测试

本节测试了单次采集样本数量对 MCLU－MS 算法精度的影响。图 3.11 以米拉贝洛震区和芦山震区为例，展示了运用 MCLU－MS 算法和 RS 算法采样得到的总体分类精度随训练样本数增加的趋势变化。结果表明：

（1）采用 MCLU－MS 算法得到的总体分类精度较 RS 算法高。

（2）MCLU－MS 算法仅增加了少量的训练样本后得到的分类精度收敛达到了最大值。

（3）随着单次采集样本数量增加，总体分类精度和收敛速率均有下降。图 3.12 是以标注的训练样本数目为节点绘制的灾场地物分类结果对比图。结果表明：无论是从节点▫1 至▫3 还是从节点 ▫4 至▫6，分类结果均有一定的提高。

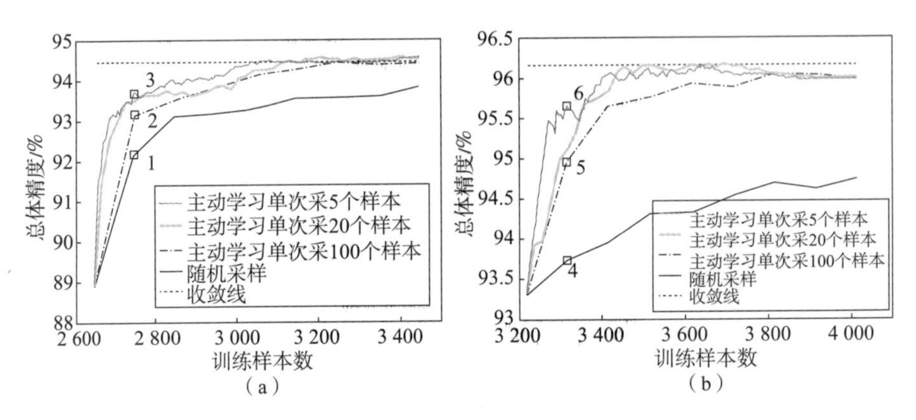

图 3.11　MCLU - MS 主动学习与随机采样分类精度对比

(a) 米拉贝洛震区；(b) 芦山震区

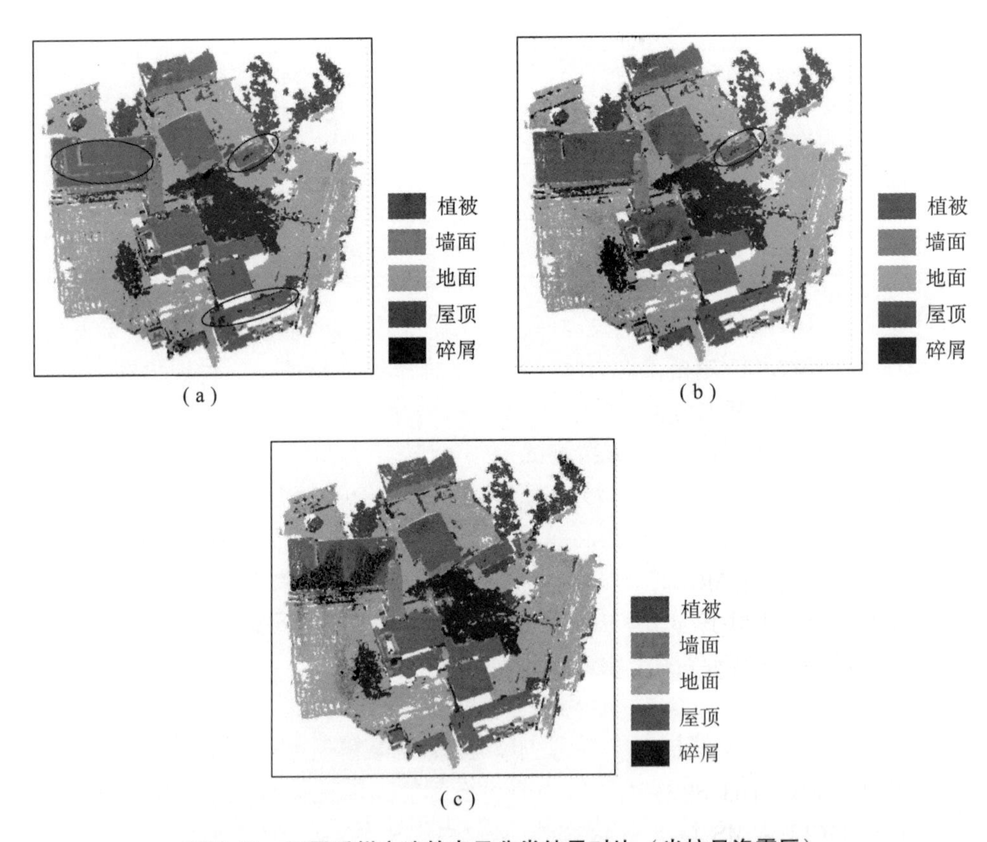

图 3.12　不同采样方法的点云分类结果对比（米拉贝洛震区）

(a) 随机采样（□ 1）；(b) MCLU - MS 主动学习采样（Batch Size = 100，□ 2）；

(c) MCLU - MS 主动学习采样（Batch Size = 5，□3）

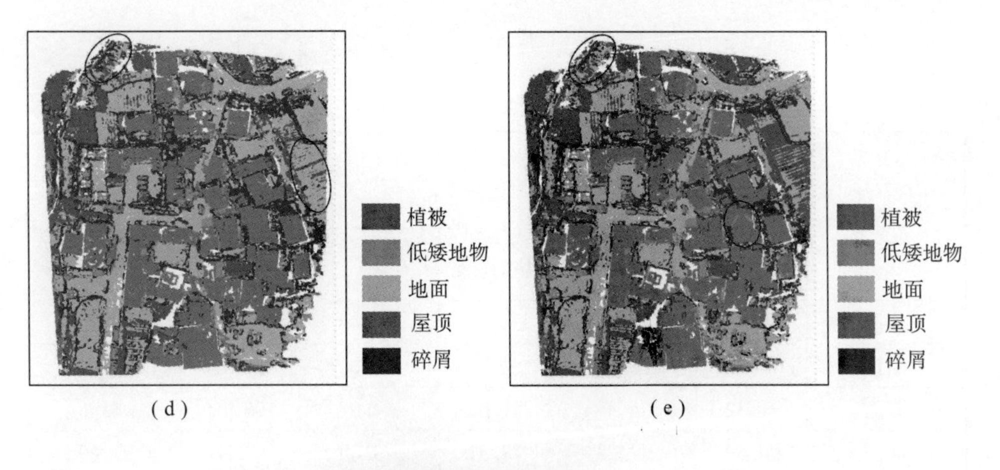

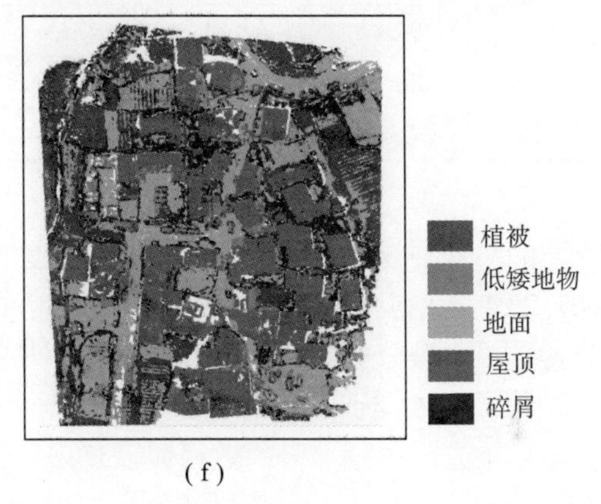

图3.12 不同采样方法的点云分类结果对比（芦山震区）（续）

（d）随机采样（□4）；（e）MCLU－MS主动学习采样（Batch Size＝100，□5）；

（f）MCLU－MS主动学习采样（Batch Size＝5，□6）

3.4.3.4 基于主动学习的灾场地物分类

（1）米拉贝洛5.9级地震灾区。

表3.13为运用MCLU－MS算法采样后，利用光谱＋纹理、几何、光谱＋纹理＋几何特征对灾场地物分类的结果。结果表明，加入新的训练样本后基于不同特征的灾场地物分类精度均有明显提高，总体分类精度分别为86.93%、74.15%、94.39%，对应的Kappa系数分别为0.82、0.64和0.92。其中，光谱＋纹理和光谱＋纹理＋几何特征的分类结果对碎屑的分类精度增幅最大，分别从原来的28.48%和63.89%提高到80.05%和88.02%。其原因为：

（1）MCLU－MS算法采集碎屑样本的比例相对其在测试样本中的比例（5 141/55 859）有明显提高，分别为89/395和99/395。

（2）运用MCLU－MS算法采集的样本提高了训练器的训练参数，降低了对碎屑分类的不确定性。

表 3.13 米拉贝洛震区增加训练样本后的点云分类精度

类型	用户精度/%					
	光谱 + 纹理		几何		光谱 + 纹理 + 几何	
	RS 算法	MCLU - MS 算法	RS 算法	MCLU - MS 算法	RS 算法	MCLU - MS 算法
碎屑	69.88	80.05	34.27	37.44	84.06	88.02
屋顶	73.16	78.31	80.77	77.62	90.79	89.50
墙面	71.32	68.35	81.02	84.08	95.19	96.95
地面	96.59	97.28	78.31	79.60	94.86	97.67
植被	93.23	94.44	62.81	67.23	97.12	98.17
OA	84.48	86.93	73.45	74.15	93.07	94.39
Kappa 系数	0.78	0.82	0.63	0.64	0.90	0.92

基于几何特征的分类结果对植被类别的分类精度有显著提高，由原来的 33.63% 提升到 67.23%；相反，屋顶类别的用户精度稍有下降。其原因为：

（1）初始分类结果中被分成屋顶的点云数目少而其被正确分类的比例较大（7 540/8 472），使得原屋顶类别的分类精度较高。

（2）增加样本后被分成屋顶点云的数目显著增多，导致被正确分类的比例减小（12 285/15 828）。

图 3.13（a）~（c）分别为运用 MCLU - MS 算法采样后，基于光谱 + 纹理、几何、光谱 + 纹理 + 几何特征对灾场地物的初始分类结果。结果表明：

（1）图 3.13（a）的分类结果要明显好于图 3.9（a）中的分类结果。图 3.9（a）中屋顶被错分为墙面和碎屑的现象明显改善；图 3.9（a）中被错分为碎屑的屋顶全部分类正确。

（2）图 3.13（b）中的椒盐现象较图 3.9（b）有明显减少，与基于光谱 + 纹理的分类结果类似；图 3.13（c）中被分为屋顶的点云数目明显增多，尤其原来被错分为植被的屋顶除少部分（塔的顶部）被错分为墙面外，其他均被正确分为屋顶。

（3）图 3.13（c）中所有地物基本全部分类正确，而且高度均一，没有椒盐现象出现；图 3.13（c）中被错分为碎屑的点主要分布在地面与墙面的交叉处，这种现象在图 3.13（a）中也存在，其原因是这些区域受建筑阴影遮挡，导致其光谱特征与碎屑的光谱特征相似而造成错判。尽管如此，原本属于碎屑的区域被完全分类正确，且被错分为碎屑的样本数目很少，不影响对灾情评估的精度。

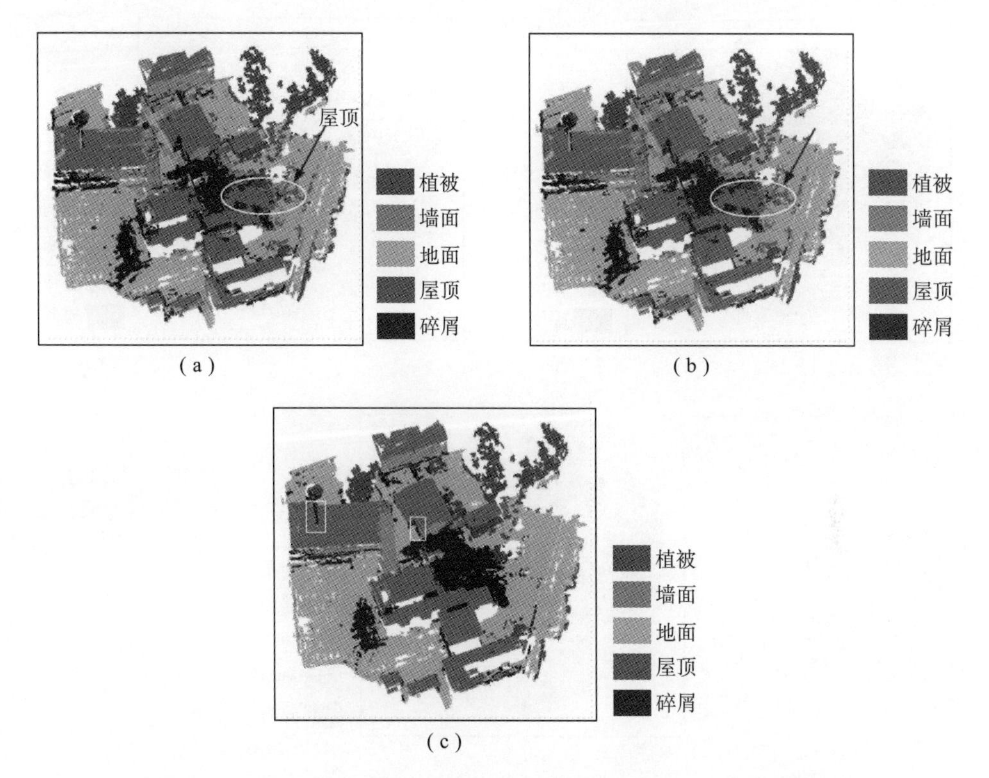

图3.13　基于多尺度点特征的灾场点云初始分类结果（米拉贝洛震区）

(a) 基于光谱+纹理特征；(b) 基于几何特征；(c) 基于光谱+纹理+几何特征

图3.14为采用条件随机场（CRF）模型优化后的分类结果。实验结果表明：采用CRF优化对基于光谱+纹理特征和基于几何特征的分类结果提升效果较小，而对基于光谱+纹理+几何特征的分类结果有较大提升，详见图3.14（c）中白色方框标注。

（2）芦山7.0级地震灾区。

表3.14为增加训练样本运用MCLU－MS算法采样后，基于光谱+纹理、几何、光谱+纹理+几何特征对地物点云分类的结果。结果表明：新增样本后，基于光谱+纹理和光谱+纹理+几何特征的分类精度均有一定程度的提高，且提升幅度较大，而基于几何特征的分类精度提高幅度较小。首先，基于光谱+纹理特征的分类结果中低矮地物的分类精度提高幅度最大，为35%；其次是碎屑和地面，分别提高约10%；基于光谱+纹理+几何特征的分类结果中低矮地物的精度提升幅度最大（>20%）。此外，基于光谱+纹理+几何特征的分类结果中，各地物的用户精度均为95%以上，在灾场地物分类中表现出了极强的适用性。

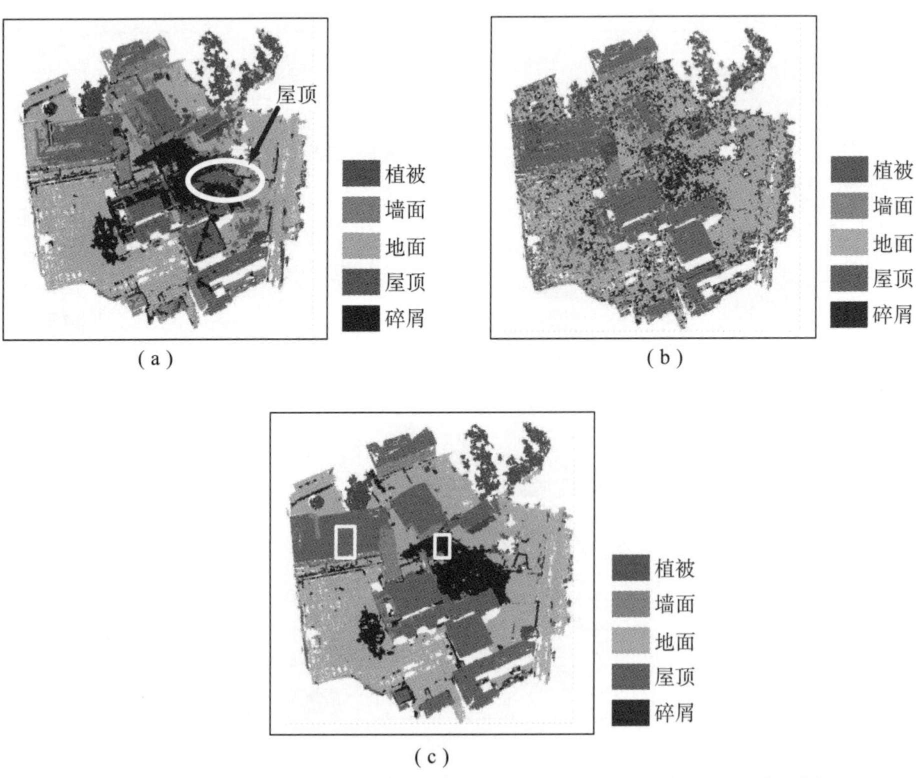

图 3.14 基于多尺度点特征和条件随机场优化的灾场点云分类结果（芦山震区）

（a）基于光谱 + 纹理特征；（b）基于几何特征；（c）基于光谱 + 纹理 + 几何特征

表 3.14 芦山震区增加训练样本后的点云分类精度

<table>
<tr><th rowspan="3">地物类别</th><th colspan="6">用户精度/%</th></tr>
<tr><th colspan="2">光谱 + 纹理</th><th colspan="2">几何</th><th colspan="2">光谱 + 纹理 + 几何</th></tr>
<tr><th>RS 算法</th><th>MCLU - MS 算法</th><th>RS 算法</th><th>MCLU - MS 算法</th><th>RS 算法</th><th>MCLU - MS 算法</th></tr>
<tr><td>碎屑</td><td>54. 06</td><td>53. 09</td><td>26. 58</td><td>29. 22</td><td>89. 23</td><td>94. 49</td></tr>
<tr><td>屋顶</td><td>73. 18</td><td>72. 92</td><td>82. 80</td><td>83. 24</td><td>95. 72</td><td>95. 35</td></tr>
<tr><td>低矮地物</td><td>84. 34</td><td>88. 75</td><td>54. 44</td><td>59. 22</td><td>85. 92</td><td>97. 36</td></tr>
<tr><td>地面</td><td>82. 19</td><td>79. 25</td><td>79. 65</td><td>79. 15</td><td>94. 16</td><td>96. 71</td></tr>
<tr><td>植被</td><td>100</td><td>100</td><td>30. 88</td><td>30. 65</td><td>99. 40</td><td>99. 21</td></tr>
<tr><td>OA</td><td>77. 98</td><td>77. 24</td><td>69. 72</td><td>70. 74</td><td>94. 33</td><td>96. 30</td></tr>
<tr><td>Kappa 系数</td><td>0. 68</td><td>0. 67</td><td>0. 56</td><td>0. 63</td><td>0. 92</td><td>0. 95</td></tr>
</table>

本研究以光谱 + 纹理 + 几何特征分类为例，分析了加入随机采样的训练样本后各地物的分类结果。结果表明，随着训练样本数目的增多，各类地物的分

类精度均有一定程度的提高；相对于运用 MCLU - MS 算法采样的分类结果，随机采样分类的总体精度和 Kappa 系数均较低，分别为 94.97%、0.93；其中运用 MCLU - MS 算法采样对碎屑和低矮地物的分类精度较随机采样的分类精度提升较高，分别提高了 6%、7%。

图 3.15（a）~（c）为运用 MCLU - MS 算法采样后分别利用光谱 + 纹理、几何、光谱 + 纹理 + 几何特征对芦山震区低空影像重建点云进行分类的结果。与米拉贝洛震区实验中的结果类似，光谱 + 纹理特征对植被的分类结果较好且类内均匀程度较高，但其对邻近建筑物的空间区分能力较弱，如空间上距离较近的建筑群较易被错分为一个整体；单纯利用几何特征的分类结果中存在一定的椒盐现象，且对碎屑、植被和地面的交叉错分现象较为严重，但是其对邻近建筑的空间分离能力较强。基于光谱 + 纹理 + 几何特征的分类结果充分体现了上述两种特征对地物分类的优势，既保留了光谱 + 纹理特征对于植被和地面较好的分类能力，又保留了几何特征对于邻近建筑空间可分性的优势，整体分类

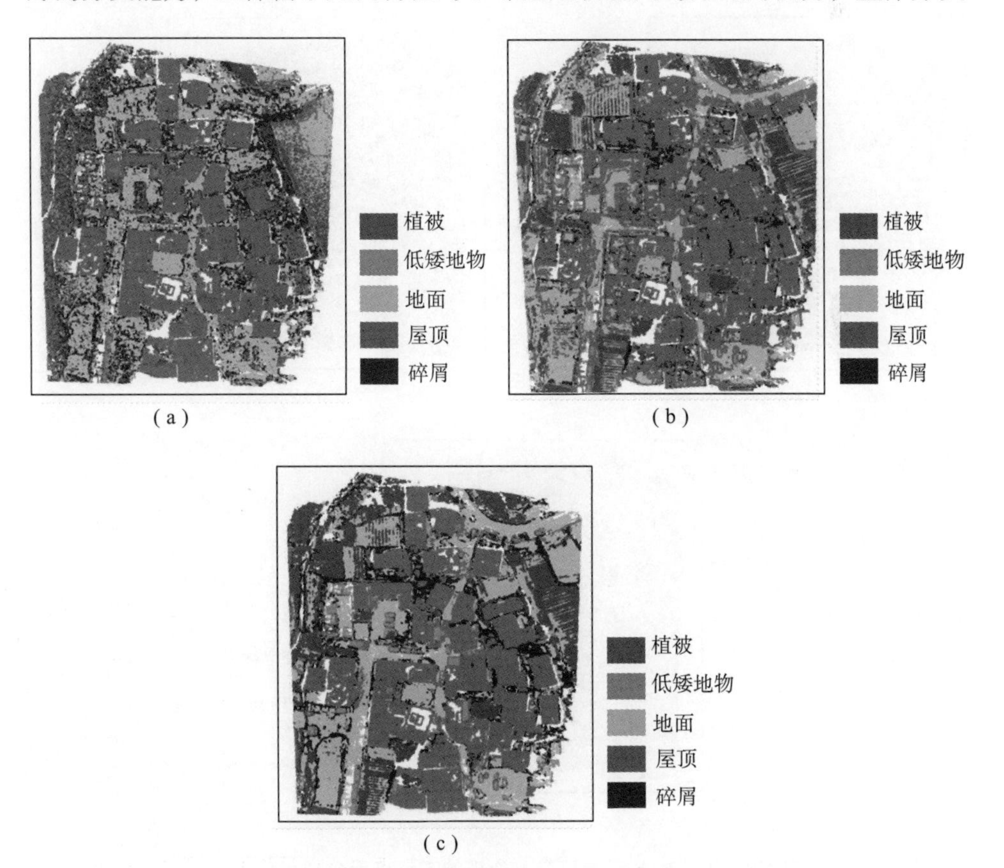

图 3.15　基于多尺度点特征的灾场点云初始分类结果（芦山震区）

（a）基于光谱 + 纹理特征；（b）基于几何特征；（c）基于光谱 + 纹理 + 几何特征

结果较好。与米拉贝洛震区分类结果类似，该震区道路和房屋的阴影区域被错分为碎屑的可能性较大，因此后续研究中可以依据阴影与地物之间的空间关系去除阴影对碎屑分类结果的干扰。Li 等（2015）对高分影像中的阴影提取已做了很好的研究，这为本研究后续扩展到三维点云分类中提供了参考。

图 3.16（a）~（c）为运用 CRF 算法对光谱 + 纹理、几何、光谱 + 纹理 + 几何特征的灾场云点分类后的优化结果。结果表明：

（1）基于光谱 + 纹理特征的分类结果经过 CRF 算法优化后，地面和屋顶地物间的错分类情况得到了改善，如图 3.16（a）所示。

（2）基于光谱 + 纹理 + 几何特征的分类结果经过 CRF 算法优化后，地面、植被和低矮地物间的错分类情况也得到改善。

（3）基于几何特征的分类结果经过 CRF 算法优化后反而增加了新的错分类情况，主要体现在地面和碎屑类型的错误混淆。

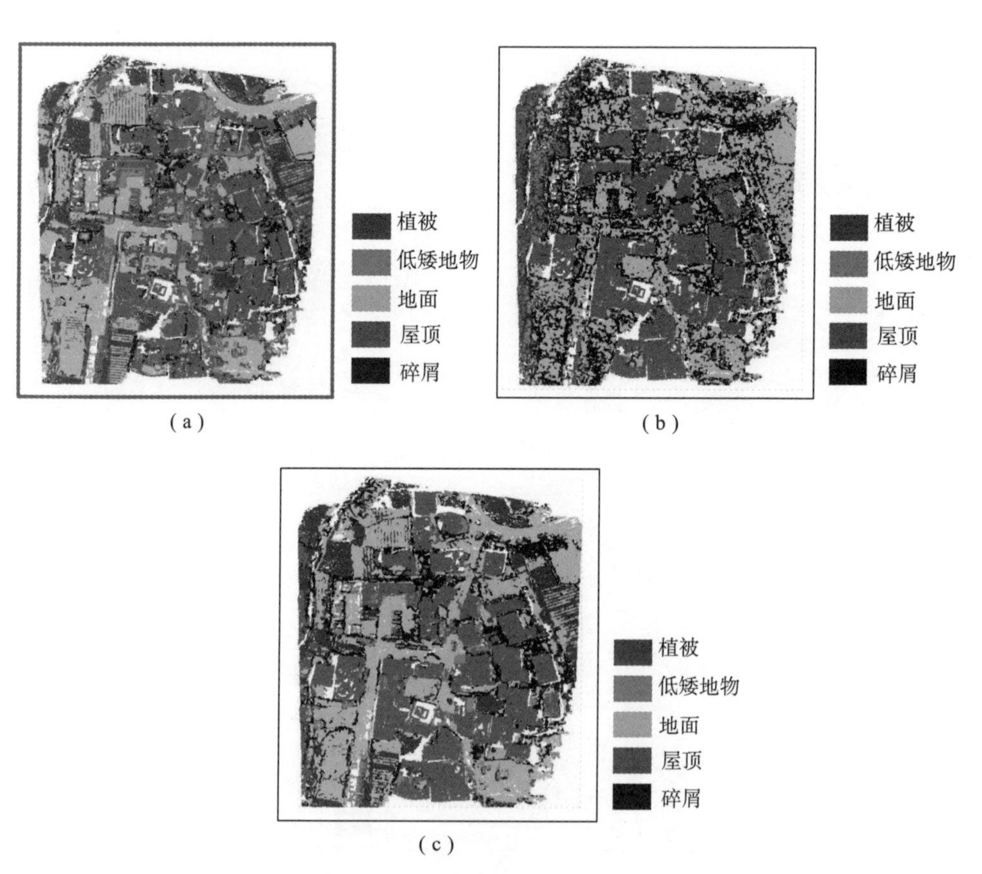

图 3.16　运用 CRF 算法对基于多尺度点特征的灾场点云分类优化结果（芦山震区）

（a）基于光谱 + 纹理特征；（b）基于几何特征；（c）基于光谱 + 纹理 + 几何特征

3.4.3.5 基于 MCLU－MS 主动学习分类算法地物分类的通用性分析

接下来，本研究通过两组实验测试 MCLU－MS 主动学习分类算法的通用性。第一组实验中进行事件迁移测试，测试芦山震区的训练结果是否适用于汶川汉王镇震区中的场景分类。实验过程包括：首先利用芦山震区中的样本训练 SVM 分类器得到相应的训练参数，然后利用汶川汉王镇震区 Site C－1 中的样本进行测试，得到总体分类精度仅为 10%，如图 3.17（a）所示。在此基础上，分别采用 MCLU－MS 算法和随机采样策略在 Site C－1 中选择新的样本，对训练样本进行扩增，重新训练 SVM 分类器并进行点云分类测试。结果表明：

（1）增加新的训练样本后，分类精度显著提高。

（2）最开始阶段采用随机采样策略较 MCLU－MS 算法得到的分类精度高，随着采样数量的增加 MCLU－MS 算法的分类精度迅速提高，并在采集了少量样本后先于随机采样策略达到收敛。

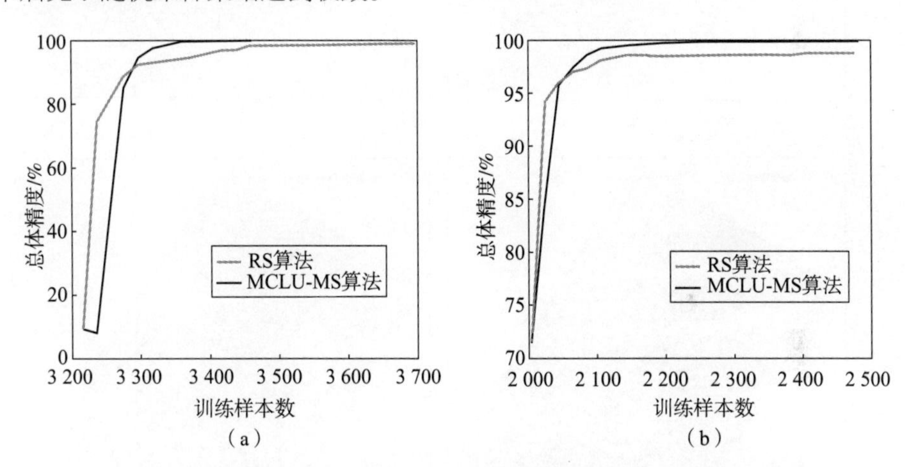

图 3.17 基于事件迁移和场景迁移的灾场点云分类精度（汶川汉王镇震区）

（a）事件迁移；（b）场景迁移

在第二组实验中进行场景迁移测试，如测试某次地震事件中，不同灾区之间的训练结果是否具有适用性。在本次实验中，我们选用汶川汉王镇震区的两个不同的区域（命名为 Site C－1 和 Site C－2）重复上述迁移实验。首先利用 Site C－1 中的样本训练 SVM 分类器得到相应的训练参数，然后利用 Site C－2 中的样本进行测试；在此基础上，分别采用 MCLU－MS 算法和随机采样策略在 Site C－2 中选择新的样本，对训练样本进行扩增，重新训练 SVM 分类器并进行点云分类测试，如图 3.17（b）所示，该组实验的结果与第一组实验结果类似。区别在于该组实验中场景迁移后的初始分类精度较事件迁移实验中的初始分类精度高，总体精度达 71.48%。

基于上述两组实验，本研究得到了上述两个场景的分类结果，如图 3.18

(a)(c)所示。从图 3. 18 中发现，上述分类图中存在大量的椒盐噪声，而经过 CRF 优化后，椒盐噪声现象明显改善，详见图 3. 18（b）和图 3. 18（d）。此外，在图 3. 18（b）中，地面和屋顶类型错分的情况得到了彻底解决。综合上述研究结果得到初步结论：

（1）本研究方法具有一定的事件迁移和场景迁移能力。

（2）结合上下文信息对优化分类结果具有一定的促进作用。

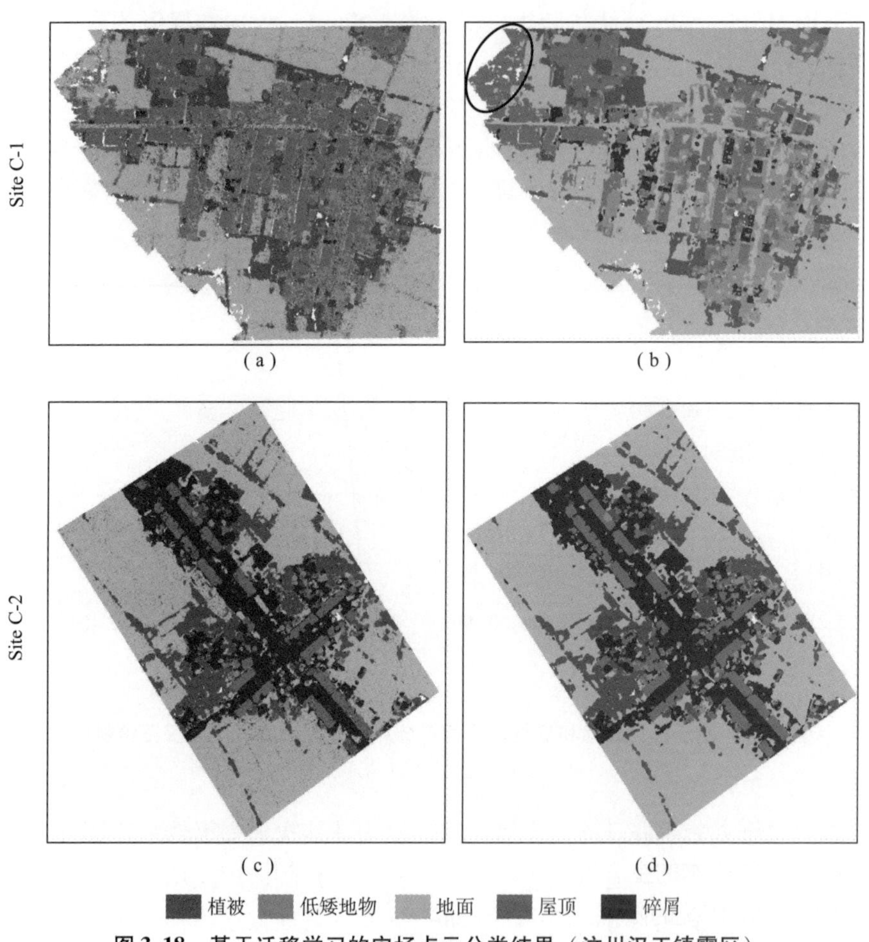

图 3. 18　基于迁移学习的灾场点云分类结果（汶川汉王镇震区）

(a)(c)基于点特征的初始分类结果；(b)(d)条件随机场优化后的结果

3. 5　本章小结

灾场地物分类对于灾情分析具有至关重要的作用。然而，重大地质灾害的

评估对分类的时效性和结果的准确性要求都很高，这对传统的基于遥感影像的分类方法提出了挑战。相对卫星和航空遥感平台，低空无人机系统具有机动性强和速度快的优势，适合在应急条件下快速获取灾情数据，并生成具有 RGB 信息的三维点云，增强了对灾场地物的判读能力，为灾场地物快速、准确地分类提供了数据保障。此外，影像重建点云反映了灾场地物的结构特征，其分类结果可为进一步评估建筑物损毁提供依据。因此，基于影像重建点云的灾场地物分类显得更为重要。为此，本章针对灾场地物空间关系复杂的特点以及较难获取实地验证数据的问题，设计了一种基于低空影像重建点云的灾场地物分类方法。具体实现了两个子任务：

（1）基于点云的 RGB 信息和三维信息构建了兼顾光谱、纹理和几何特征的点云特征描述，并给出不同点云坐标系下特征构建及参数设置方法。

（2）针对 SVM 分类器，提出了基于多类不确定—边缘采样的主动学习分类算法，优化监督分类过程中的样本采样机制，在减少采集样本数目的同时兼顾样本的多样性。

本章以 2012 年意大利米拉贝洛 5.9 级地震、2013 年中国芦山 7.0 级地震和 2008 年中国汶川 8.0 级地震为例，以受灾城区的低空影像重建点云为对象，采用 SVM 分类器对灾场中的多类地物进行监督分类，综合测试了本研究算法的有效性。结果表明：

（1）光谱 + 纹理特征和几何特征相互补充，其中光谱 + 纹理特征灾场中的倒损房屋碎屑、地面和植被具有较强的识别能力；几何特征对建筑物墙面和屋顶有较强的区分能力；三种特征结合后对灾场地物的分类精度显著提高，分类精度为 95% 以上；可为灾害应急情况下的快速灾损识别和灾情评估提供可靠的保障，为灾害救援提供可靠的决策支持。

（2）依靠初始训练样本对地物的分类精度较低，说明在灾害环境下，单纯依靠人类认知和经验采集的样本中存在一定的误差，凸显了灾场地物分类的难度。尤其是在紧急条件下，及时获取可靠的现场验证数据存在困难，进一步加大了人为采集样本的主观性和不确定性。

（3）相比传统的随机采样方法，MCLU – MS 算法可以指导分类器选择少而优的训练样本，加快地物分类精度达到最高水平的收敛速率。实验结果表明：分类精度的高低主要取决于训练样本的质量而非绝对数量，这凸显了优化样本采集的重要性；从必要性角度考虑，优化采样机制可以减少样本采集的数量，节省人力和时间成本，保障灾情判断和决策分析的时效性。

04

第 4 章

基于空地异源点云的建筑物倾斜检测和损毁评估

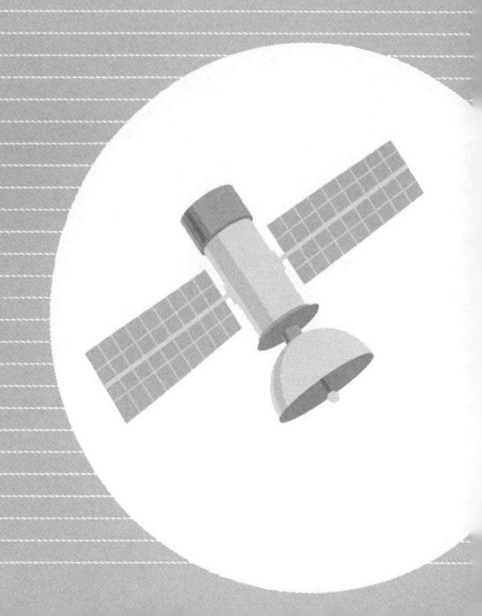

建筑物损毁评估是灾情评估的重要内容。从遥感立体测量的角度考虑，倾斜检测是建筑物损毁评估的有效手段。本章针对低空影像较难获取灾场完备数据的问题，设计了联合低空无人机和地面 LiDAR 扫描的协同观测模式；研究了一套由粗到精的空（低空影像重建）地（地面 LiDAR 扫描）异源点云融合方法；实验验证了空地异源点云融合方法对获取地物完备信息的有效性和模型精度的准确性；提出了基于融合点云的建筑物倾斜检测方法，并以完好建筑为例从侧面验证了该方法的有效性；以芦山地震灾区为例，探讨了建筑物倾斜角度与其损毁程度之间的关系，从遥感立体测量的角度提出了建筑物损毁评估的参考标准。

4.1　由粗到精的空地异源点云融合

本节具体采用由粗到精的点云配准方法进行空地异源点云融合研究。点云配准是指通过估计不同点云坐标系间的转换参数，将多站点云转换到统一坐标系的过程。目前，对点云配准的研究多采用由粗到精的匹配策略：首先选取同名匹配点粗略估计一套转换参数，即缩放比例 k、转换矩阵 R 及平移系数 T，然后采用主流的迭代最近点（ICP）算法对上述转换参数进行逐步优化，最终实现点云精配准。然而，目前国内外对点云配准的研究以单一传感器的多站点云配准为主，而对异源点云配准的研究较少。为此，本研究首先设计了一套适用于无人机和地面 LiDAR 扫描的联合标定装置，对低空影像重建点云和地面 LiDAR 扫描点云进行粗配准，然后采用基于法线约束的迭代最近点（INCCP）改进算法进行点云精配准。

4.1.1 空地联合标定装置设计

空地联合标定装置由一个 U 形刚性框架、一块正方形标定板和一组伸缩杆组成（吴立新和许志华，2015）。其中，标定板为中心对称的正方形板，两侧中心和底边可由固定元件如锁紧螺母与 U 形框架连接，并以其两侧中心为轴可在 U 形框架内沿垂直方向进行任意角度旋转。该设计可保证标定板旋转任意角度时其中心位置不变。据此，标定无人机影像时，安置标定板正面朝上，如图 4.1（a）所示，在影像重建点云中选取标定板中心点为标识点；同理，标定地面LiDAR扫描信号时，安置标定板面朝 LiDAR 扫描方向，如图 4.1（b）所示，选取扫描点云中标定板的中心作为标识点，与影像重建点云中选取的标识点构成初始匹配点集，用来估计坐标转换矩阵。此外，设计 U 形框架与伸缩杆顶端可松开的连接，并可沿水平方向任意角度旋转固定并保证标定板中心位置不变，用于接收不同方向的 LiDAR 扫描信号。伸缩杆底端为固定杆，并与带标记刻度的两节活动杆套合而成，可灵活调整伸缩杆长度并精确读数。该装置可用于传递控制点在标定板中心处的高程值，用于布设控制网条件下消除融合点云的系统误差。与现有标定装置（球形、圆形靶标等）相比，该装置可以通过调整标定板的方向来接收无人机影像和地面 LiDAR 扫描的激光信号。

（a）

（b）

图 4.1 空地联合标定装置

（a）标定无人机航拍影像；（b）标定 LiDAR 扫描的激光信号

4.1.2 点云粗配准

点云粗配准是指利用同名标定板或同名地物计算不同点云坐标系间转换参数的过程。设 $P=(x \quad y \quad z)$ 和 $P_0=(x_0 \quad y_0 \quad z_0)$ 分别为空（低空影像重建）和地（地面 LiDAR 扫描）点云中的坐标，则两点坐标系的转换关系为：

$$\begin{bmatrix} x \\ y \\ z \end{bmatrix} = kR\begin{bmatrix} x_0 \\ y_0 \\ z_0 \end{bmatrix} + T \tag{4-1}$$

式中，k 为缩放比例，R 为转换矩阵，T 为平移系数。

4.1.3　点云精配准

点云精配准是在粗配准的基础上优化转换参数（k、R、T）提高配准精度的过程。其中，贡献最突出的是 Besl 和 McKay（1992）提出的迭代最近点算法，通过迭代最小化两个点集中同名匹配点的距离，优化坐标转换参数。此外，为提高匹配效率，本研究在迭代匹配过程增加了法向量的方向约束（Pulli，1999）。

顾及法向量的方向约束的点云精配准算法具体过程：

（1）**算法描述：**

该算法在点云粗配准的基础上实现了异源点云的精配准，采用法向量的约束条件提高匹配效率。

（2）**算法步骤：**

步骤 1：建立重叠区内的待匹配面。首先将点云分割成大小相等的区域（立方体），并分别拟合成面。

步骤 2：阈值判断。若区域内的所有点到拟合面的距离方差小于某阈值 t_1，则保留该平面，同时计算其法向量，记为 n；反之，则将该区域等分成 8 块子区域，分别拟合成子平面。

步骤 3：重复**步骤 2**。当图块包含的点数少于某阈值 T_2 时，停止判断。

步骤 4：寻找同名匹配点。设基准点集为 $pb = \{x_0, y_0, z_0, n_0\}$，在待匹配点集中搜索邻域 d 范围内的匹配点 $pc = \{x, y, z, n\}$，据文献（许志华等，2016）则有：

$$pc = \{x, y, z, n\} = \arg \min_{\substack{n - n_0 \in [-a, a] \\ x,y,z \in \mathrm{ANN}(d)}} \| (x - x_0)^2 + (y - y_0)^2 + (z - z_0)^2 \| \tag{4-2}$$

式中，n_0 和 n 分别为点 pb 和 pc 所在拟合面的法向量，a 为法向量约束阈值，$\mathrm{ANN}(d)$ 为邻域范围，且（$x \quad y \quad z$）与（$x_0 \quad y_0 \quad z_0$）满足式（4-2）。

步骤 5：计算转换参数。通过迭代最小化匹配点间的距离差 G，计算参考转换参数：

$$G = \operatorname{argmin}\left(\sum_{i=1}^{t} pc = \{x_i, y_i, z_i, n_i\} \right) \tag{4-3}$$

其中，t 为**步骤 4** 中确定的匹配点数目。

步骤 6：当某次迭代的距离差与上一次迭代结果的差值小于阈值 ε 时，停止迭代，得到最终的转换参数，用于全局点云配准：

$$G_j - G_{j-1} \leqslant \varepsilon \tag{4-4}$$

式中，j 为迭代次数。

上述方法可直接应用于范围广、地物单一的灾场区域，如滑坡、泥石流等固体灾场。针对受灾城区，由于低空无人机测量和地面 LiDAR 扫描的角度不同，可能导致两者获取的地物点云存在空间分布差异，对全局点云配准可能导致局部最优，影响配准精度。对此，本研究采用基于形态不变区的点云配准方法（许志华等，2016），主要思路为：首先，选取两套点云中未发生明显形态变化的区域（如地面），采用上述顾及法向量的方向约束的点云精配准算法估算全局最优的转换参数 k、R、T；然后，利用上述转换参数对全局点云进行刚性转换，完成点云精配准。

4.1.4 实验与结果分析

4.1.4.1 空地协同观测设备介绍

图 4.2 为空地协同观测设备，包括一台超远距离地面 LiDAR 扫描仪，型号为 Riegl VZ-4000；一架八旋翼低空无人机，型号为 BNU D8-1；一架微型四旋翼无人机（见图 4.2 上方左侧白色无人机）。其中，四旋翼无人机主要用于灾情视频侦察和聚焦观测，不在本书的研究范畴，特此说明。

图 4.2 空地协同观测设备

（1）超远距离地面 LiDAR 扫描仪。

①Riegl VZ－4000 扫描仪为超远距离地面 LiDAR 扫描仪，具有以下主要特征：有效测距 >3 km；数据采集率为 300 000 pt/s；测量精度为 ±15 mm；扫描范围为 360°（水平）×60°（垂直）；配套内置数码相机型号为 NIKON D300（有效像素：1 230 万），液晶屏幕尺寸为 3 英寸（存储卡类型：CF 卡）；配套 ±5°～±90°全景扫描云台。该设备测量距离远、扫描速度快，主要用于大型地质灾害测量，如滑坡监测、露天矿区沉陷形变分析及地震灾场测量等，为灾害应急提供决策支持。

②为验证 Riegl VZ－4000 扫描仪在实际应用中的测距精度，我们在某露天足球场对其测距精度进行了测试。以地面 LiDAR 扫描仪为中心，在距离其约 150 m 范围内均匀布设 12 个直径为 10 cm 的反光片，并通过全站仪测量每个点的坐标，作为参考值；利用地面 LiDAR 扫描仪对每个反光片扫描 3 次取其均值作为观测值，据此评估任意两点测距的相对误差，结果如图 4.3 所示。结果表明，在150 m 范围内，该扫描仪测距的相对误差小于 ±0.01%。

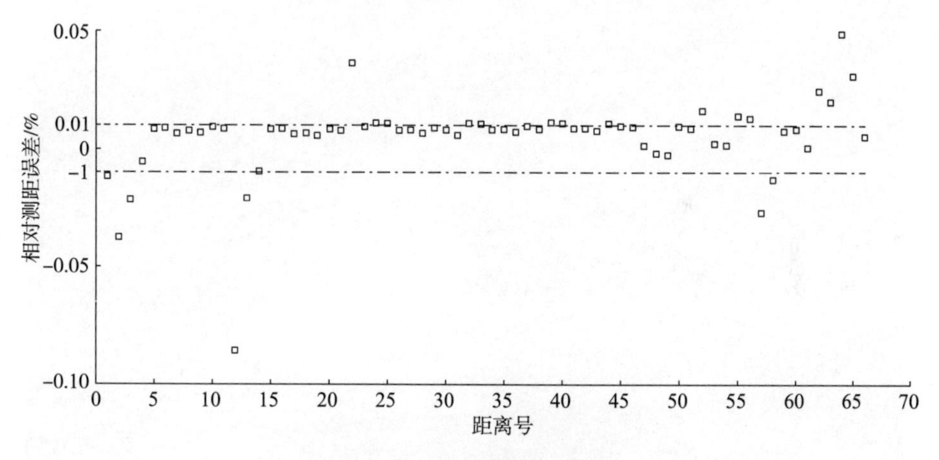

图 4.3　测距相对误差结果

（2）BNU D8－1 八旋翼无人机系统。

BNU D8－1 八旋翼无人机系统为山东省临沂市风云航空公司研制的多功能低空八旋翼无人机系统。该系统集成了飞行控制系统、数码相机、无线通信设备、数据传输设备和地面控制系统，具有空中定点悬停和自主航线飞行功能。其中，飞行控制系统以延伸卡尔曼滤波器为核心，集成了 Ublox GPS、微型机械陀螺仪、高度计和加速传感器、磁场传感器等多种传感器，从而为制导提供宽频实时姿态。地面控制系统可实时更改航线、航速和航拍角度的设置参数，设置相机触发模式，可设置固定飞行距离或固定时间间隔等。其中，触发记录信息包括触发时间、飞机位置、飞行姿态和速度信息，保存至闪存。BNU D8－1 八旋翼无人机最大载重 5kg，满载续航时间约为 20min，单次飞行作业范围较小。

本书第 2 章测试了低空影像重建点云的测距相对误差小于 ±0.50%，低于 Riegl VZ－4000 扫描仪的测距相对误差（±0.01%）。此外，LiDAR 扫描点云的坐标系尺度反映了地物现实的物理意义（尺寸和方向等）。因此，本研究空地数据融合实验以地面 LiDAR 扫描点云为基准，将低空影像重建点云配准到基准坐标系。

4.1.4.2 实验区介绍

本实验主要测试空地异源点云融合方法的有效性，包括获取地物三维信息的完备性和融合点云的精度。实验区位于河北省张家口市北京师范大学怀来综合实验基地（北纬 40°15′33″，东经 115°36′59″），距离官厅水库东北约 500 m（见图 4.4）。该实验区地形复杂，地势起伏较大，整体地势呈东高西低，且南北两侧多冲沟分布。实验区覆盖范围约为 400 m×300 m，地物类型主要包括独立房屋 5 座、沟壑和因长年水土侵蚀导致的滑坡群。

图 4.4 空地联合观测实验区

4.1.4.3 数据采集

在实验区均匀布设了 18 个空地联合标定装置，保证标定杆气泡水平对中，并用水泥对标定杆进行浇灌固定，以确保标定板在实验过程中保持固定。采用 GPS－RTK 测量每个标定杆的顶端坐标，测量误差小于 2 cm，并通过记录伸缩杆的高度推算标定板的中心坐标。

地面 LiDAR 扫描仪架站点选取视野开阔、地势较高位置，全景扫描共 3

站。图 4. 5 为对 3 站扫描点云配准后的结果。结果表明，受地形起伏遮挡和扫描角度的限制，实验区中沟壑底部和建筑物的屋顶未能获取有效扫描点云。

图 4. 5　地面 LiDAR 扫描点云配准后的结果

低空影像采集通过 BNU D8 – 1 八旋翼无人机搭载 Canon 600D 数码相机进行，共采集两套数据：

（1）UAV1：飞行高度距地面约 100 m，拍摄角近似正射，共包含 2 条航线，获取有效影像 175 张，覆盖整个实验区。

（2）UAV2：近地面（距地面约 30 m）聚焦拍摄，重点采集主体建筑物的影像。其中，UAV1 数据采集采用自主飞行模式，设置拍摄影像的航向重叠度 80%，旁向重叠度 60%，影像分辨率为 2. 6 cm；UAV2 数据采集采用手动控制飞行，对建筑物进行多角度拍摄，获取屋顶和局部墙面信息，影像平均分辨率为 1 cm。图 4. 6 和图 4. 7 分别为 UAV1 和 UAV2 示例影像。

图 4. 6　距地面约 100 m 的低空影像

图 4. 7　近地面约 30 m 的低空影像

数据采集过程中，通过调整标定板的方向来保证其获取低空影像和地面 LiDAR 扫描点云。

4.1.4.4 空地异源点云融合

选取均匀分布的 10 个标定板作为地面 LiDAR 扫描和低空影像重建点云的同名标定板，剩余 8 个标定板用于检验模型精度。手动提取标定板中心坐标，以地面 LiDAR 扫描点云为基准，采用由粗到精的点云配准方法，将低空影像（UAV1）重建点云配准到地面 LiDAR 扫描点云坐标系，完成空地异源点云融合（见图 4.8）。从视觉效果上看，低空影像重建点云与地面 LiDAR 扫描点云实现了准确融合；低空影像重建点云弥补了地面 LiDAR 扫描点云的空缺，如沟壑和建筑屋顶；地面 LiDAR 扫描点云弥补了低空影像对建筑物墙面重建点云的缺失。

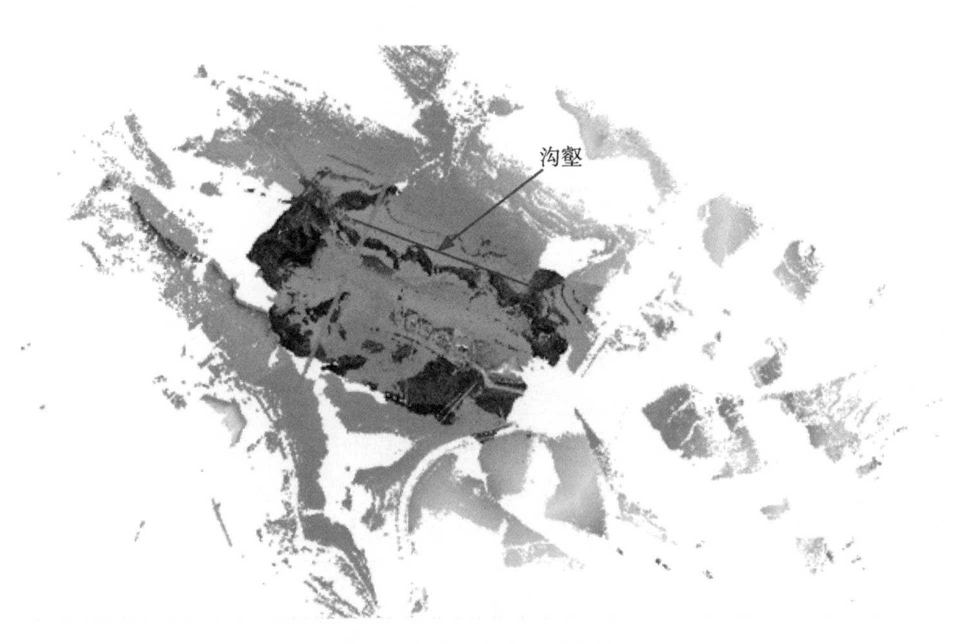

图 4.8 空地异源点云融合结果

图 4.9 为空地异源点云融合的局部细节效果图。目视效果上，地面 LiDAR 扫描点云和低空影像重建点云配准效果较好，两者在地物的空间表达上互补，增强了地物细节的表达能力。

表 4.1 为利用地面 LiDAR 扫描点云标定低空影像（UAV1）重建点云得到的转换参数，出于测绘安全考虑，本研究所涉及的所有坐标系均为用户局部坐标系。

为进一步评估融合点云的模型精度，本研究以转换后的低空影像重建点云

图 4.9　空地异源点云融合的局部细节效果图

坐标系为参考，以剩余 8 个标定板为对象，评估转换后的点云模型精度。表 4.2 为剩余 8 个标定板的转换坐标。

表 4.1　空地联合标定参数

点号	地面 LiDAR 扫描坐标/m			低空影像重建点云坐标/m			标定参数
	X	Y	Z	X_1	Y_1	Z_1	
cd1	9 681.261	743.326	536.069	19.837	8.918	−6.623	
cd2	9 608.823	774.291	530.996	25.990	8.955	−6.647	
cd3	9 641.401	792.805	512.79	24.332	6.789	−8.433	$K=12.853$
cd5	9 702.679	765.993	522.528	19.077	6.755	−7.972	R1 =0.051 8
cd6	9 732.212	770.171	522.359	17.104	5.554	−8.190	R2 =6.179 7
cd8	9 783.138	777.694	524.523	13.705	3.452	−8.408	R3 =2.736 2
cd9	9 804.02	766.791	526.218	11.876	3.572	−8.366	T1 =739.943
cd10	9 799.621	748.059	527.023	11.607	5.032	−8.166	T2 =9 952.289
cd13	9 850.961	754.075	530.788	8.120	3.008	−8.234	T3 =645.500
cd14	9 870.272	739.689	532.35	6.290	3.432	−8.157	

表 4.2　空地联合标定结果

点号	地面 LiDAR 扫描坐标/m			低空影像重建点云坐标/m			转换坐标/m		
	X	Y	Z	X_1	Y_1	Z_1	X_2	Y_2	Z_2
cd4	9 677.432	785.899	517.680	21.513	6.144	-8.268	9 677.509	785.917	517.540
cd7	9 748.176	752.850	523.237	15.429	6.293	-8.144	9 748.221	752.862	522.955
cd11	9 819.222	746.652	529.686	10.158	4.511	-8.081	9 819.168	746.731	529.606
cd12	9 839.205	772.894	529.283	9.547	2.038	-8.376	9 839.165	772.926	529.525
cd15	9 652.808	693.825	532.647	20.341	13.336	-6.413	9 652.948	693.645	532.447
cd16	9 676.035	672.715	536.448	18.015	14.092	-6.156	9 676.217	672.593	536.270
cd18	9 734.168	639.972	534.499	12.873	14.653	-6.549	9 734.348	640.021	533.910
cd19	9 708.083	626.870	526.243	14.358	16.465	-6.961	9 708.196	626.738	525.267

图4.10为任意两点测距的相对误差。结果表明，低空影像重建点云与地面 LiDAR 扫描点云融合后，其测距相对误差小于 ±0.20%，稍优于本书第 2 章中对影像重建点云评估结果的 ±0.50%。

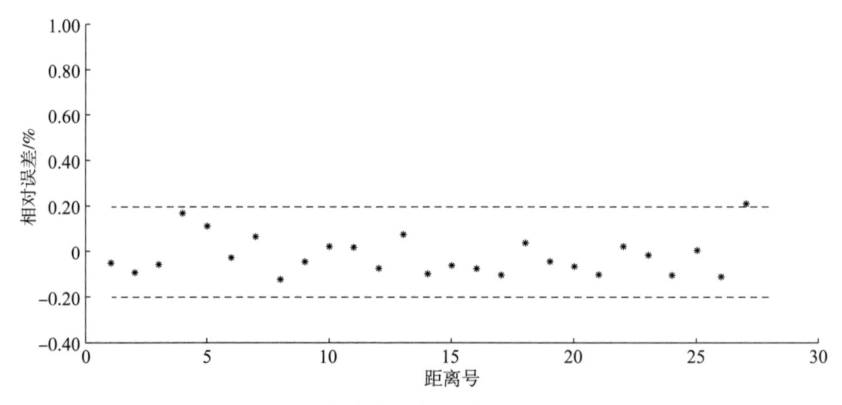

图 4.10　空地融合点云的测距相对误差

本书在第 2 章中指出，三维重建效果受限于影像纹理的复杂情况，影像纹理越复杂，重建出点云的能力越强。图 4.11 为多层次低空影像点云与地面 LiDAR描点云融合的重建结果，除左 1 建筑物的屋顶（圈出部分）重建完整外，其他建筑屋顶均未重建出完整点云。本书在第 2 章讨论部分指出，提高影像分辨率是解决该类问题的一种有效方法，因此，对实验区的建筑物进行了多层次低空影像重建并与地面 LiDAR 扫描点云融合。由图 4.11 可见，高分辨率 UAV2 影像重建结果保证了所有建筑屋顶信息的完整性，通过 UAV1 + UAV2 的点云融合弥补了 UAV1 影像对建筑屋顶重建缺失的问题；UAV1 + UAV2 + TLS 是在上述融合点云的基础上，加入了地面 LiDAR 扫描的墙面点云，获取了建筑物完备

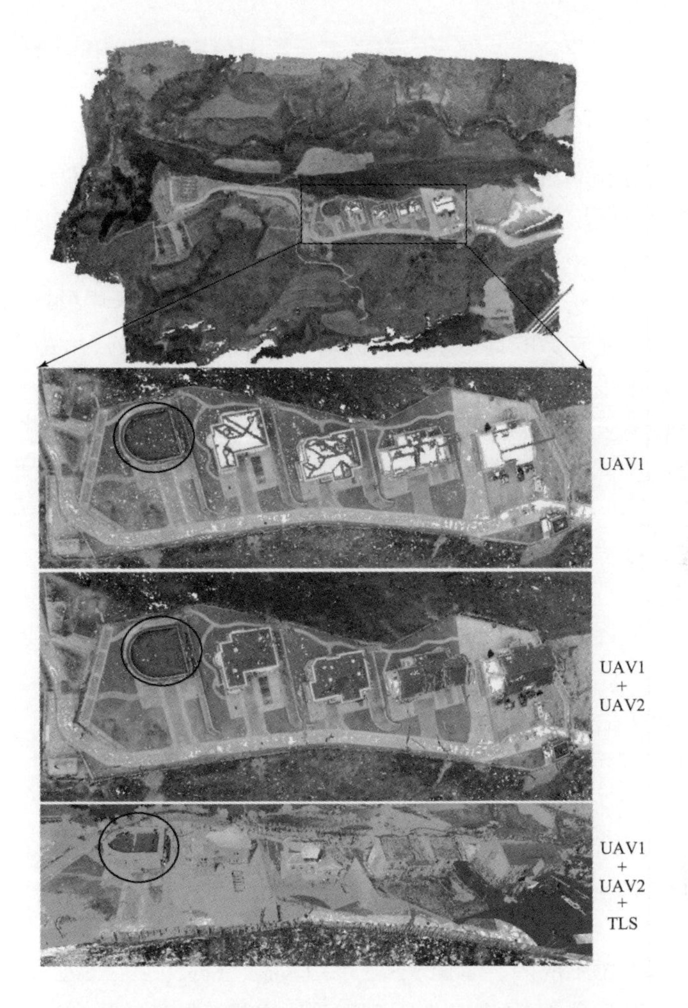

图 4.11　多层次低空影像重建点云与地面 LiDAR 扫描点云融合的重建结果

的三维点云。

4.2　基于空地融合点云的建筑物倾斜检测

Schweier 和 Markus（2006）从现场调查的角度总结了地质灾害中的房屋损毁类型，指出大多数损毁的建筑物均表现出了一定程度的结构倾斜。因此，对建筑物的倾斜检测可以作为建筑物损毁评估的重要手段。Yonglin 等（2010）提出了一种基于主平面估计的建筑物倾斜检测方法，并利用机载 LiDAR 扫描仪数据验证了该方法处理对称建筑物的有效性。受数据完备性的限制，该方法不能解决非对称建筑物倾斜检测的问题。本节旨在研究基于空地融合点云的建筑物倾斜检测方法，主要包括两部分内容：点云平面分割和倾斜度计算。

4.2.1 点云平面分割

点云平面分割的目的是将点云聚类成空间上独立的面状单元。常用的点云平面分割算法有区域增长法（RG）、霍夫变换法（HT）和随机抽样一致性算法(RANSAC)。

其中，区域增长法对种子点的选取要求较高，对点云中的噪声鲁棒性差；霍夫变换法对分割参数的选取敏感，针对低空影像重建点云，受其坐标尺度变化的影响，较难设置合理的分割参数；随机抽样一致性算法具有分割速度快和对分割参数设置要求低的优点，且对点云的噪声具有较强的鲁棒性。为此，本研究采用随机抽样一致性算法进行点云面分割，提取建筑物的平面信息，具体步骤如下。

利用随机抽样一致性算法进行点云平面分割步骤：

算法描述：

采用随机抽样一致性算法将建筑物点云分割成大小不同的面状单元。

输入：

点云数据 PC_{Set}；拟合模型（平面 P）及其参数：

n——拟合平面模型所需要的最小点数；

k——拟合平面模型所需的最多迭代次数；

t——判断点是属于拟合平面的距离阈值；

d——距离平面最近且用来评估拟合平面质量的点数。

输出：

一系列由点聚类成的分割单元$\text{Seg}_{\text{set}} = \{\text{Seg}_1, \text{Seg}_2, \cdots, \text{Seg}_i\}$。

注：Seg_i表示用来拟合第 i 个平面用到的点集；同时输出的还有拟合平面的模型参数和其拟合误差（Fischler 和 Bolles，1981）。

算法步骤：

步骤 1：从 PC_{Set} 中随机抽取 n 个样本拟合模型 P。

步骤 2：选取剩余点云 PC_{Set}/n 中到 P 距离 $<t$ 的点与 n 组成新的样本集 n^*，称为内点集或平面 P 的一致性集。

步骤 3：判断：若 n^* 中点的个数 $>d$，则对 n^* 重新拟合新的平面模型 P；反之，重复**步骤 1**、**步骤 2**，直到满足步骤 3 的判断条件。

步骤 4：对**步骤 1 ~ 步骤 3** 迭代 k 次，选出包含点数最多的一致性点集作为某平面的拟合点，完成一个 Seg_i的分割过程。

步骤 5：迭代**步骤 1 ~ 步骤 4**，直到屋顶的 Seg_{set}全部分割完成。

4.2.2　倾斜度计算

4.2.2.1　对称建筑物倾斜度计算

本研究对建筑物的主平面定义为：经过建筑物重心且与水平面平行而抽象存在的平面。Yonglin 等（2010）提出了对称屋顶类型的主平面估算方法，其主要思路如下所述。

以某对称类型建筑为例（见图 4.12），其屋顶包含两个对称且等大的平面，设对称面的法向量分别为 $\boldsymbol{n}_1$ 和 $\boldsymbol{n}_2$，建筑物的主平面为 P，主平面的法向量为 $\boldsymbol{n}_P$，则有：

$$\boldsymbol{n}_P = \boldsymbol{n}_1 + \boldsymbol{n}_2 \tag{4-5}$$

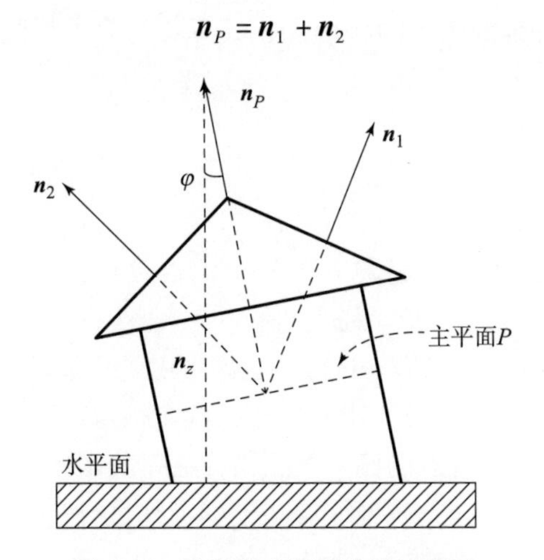

图 4.12　建筑物主平面估计示意图

设 $\boldsymbol{n}_z = (0\quad 0\quad 1)$ 为铅垂线的单位法向量，假设建筑物为刚性倾斜受损，则其倾斜角度近似为 $\boldsymbol{n}_Z$ 与 $\boldsymbol{n}_P$ 之间的夹角 φ。

$$\varphi = \arccos^{-1}\left(\frac{\boldsymbol{n}_P \cdot \boldsymbol{n}_Z}{|\boldsymbol{n}_P| \cdot |\boldsymbol{n}_Z|}\right) \tag{4-6}$$

由此可见，建筑物主平面估计是倾斜检测的关键。Yonglin 等（2010）通过设定阈值来寻找对称面：首先利用屋顶上的所有点估计建筑物的主平面，并计算其法向量，设为 $\boldsymbol{n}_m$；然后计算任意两分割面的法向量的和，设为 $\boldsymbol{n}_f$。理论上，若 $\boldsymbol{n}_f$ 为建筑主平面的法向量，则 $\boldsymbol{n}_f$ 与 $\boldsymbol{n}_m$ 近似相等，两向量夹角 $(\boldsymbol{n}_f,\ \boldsymbol{n}_m) < \varphi_t$，$\varphi_t$ 为阈值。然而，该方法存在以下两个问题：

（1）针对不同的建筑物，较难设定统一的阈值进行判断；

（2）针对包含多组对称面的建筑类型，阈值范围内可能存在多个法向量。

理论分析，给定任意对称或半对称建筑物，当其没有倾斜时，利用对称面估计的主平面法向量与铅垂线的夹角最小。据此，本研究假设建筑物倾斜过程表现为一定程度的刚性倾斜，通过任意两屋顶平面估计出来的最小角为该建筑物的实际倾斜角。建筑倾斜检测过程如下：首先依次计算任意两屋顶面法向量的和，得到法向量 $\boldsymbol{n}=\{\boldsymbol{n}_1,\ \boldsymbol{n}_2,\ \cdots,\ \boldsymbol{n}_i\}$；然后判断 $\boldsymbol{n}_i \in \boldsymbol{N}$ 中与 $\boldsymbol{n}_z$ 的最小角，设为 φ'；进而判断 φ' 与阈值 T 的关系来判断是否受损；若 $\varphi' > T$，则认为倾斜受损，可进一步通过下面基于主平面估计法检测建筑物倾斜角度的算法**步骤 3**、**步骤 4** 进行检核判断。

基于主平面估计法检测建筑物倾斜角度的算法步骤：

算法描述：

针对结构对称的建筑物，通过分析其屋顶平面法向量之间的关系估计建筑物的潜在主平面，并确定主平面法向量，计算其与铅垂线间的夹角进行建筑物倾斜定损。

算法步骤：

步骤 1：计算任意两分割面的法向量的和，得到潜在主平面法向量 $\boldsymbol{N}=\{\boldsymbol{n}_1,\ \boldsymbol{n}_2,\ \cdots,\ \boldsymbol{n}_i\}$。

步骤 2：利用式（4－6）计算 $\boldsymbol{n}_i \in \boldsymbol{N}$ 与 $\boldsymbol{n}_Z$ 的夹角：

$$\varphi^N = \{\varphi^1,\ \varphi^2,\ \cdots,\ \varphi^i\}$$

步骤 3：若 $\varphi' - T < 0$，$\varphi' = \min\{\varphi^N\}$，$T$ 为阈值，则建筑未倾斜，否则进行**步骤 4**，至此完成粗定损过程，判断出未倾斜和倾斜建筑。

步骤 4：利用屋顶所有点估算主平面和其法向量 $\boldsymbol{n}_P$。

步骤 5：利用式（4－6）对倾斜损失的建筑物进行定量评估。

4.2.2.2 非对称建筑物倾斜度计算

令 $P_{\text{wall}} = \{P_1,\ P_2,\ \cdots,\ P_n\}$ 为建筑物分割墙面集合，估计对应法向量集合为 $\boldsymbol{n}_{\text{wall}} = \{\boldsymbol{n}_1,\ \boldsymbol{n}_2,\ \cdots,\ \boldsymbol{n}_n\}$，按式（4－7）分别计算 $\boldsymbol{n}_j \in \boldsymbol{n}_{\text{wall}}$ 与铅垂线 $\boldsymbol{n}_z$ 的夹角，得到一系列夹角集 $\varphi_{\text{wall}} = \{\varphi_1,\ \varphi_2,\ \cdots,\ \varphi_m\}$。

$$\varphi_j = 90 - \left| \arccos\left(\frac{\boldsymbol{n}_j \cdot \boldsymbol{n}_Z}{|\boldsymbol{n}_j| \cdot |\boldsymbol{n}_Z|} \right) \right| \tag{4-7}$$

评估非对称建筑物的倾斜角度 $\varphi = \max\{\varphi_{\text{wall}}\}$。

注：从实际灾害应急测量的角度出发，地面 LiDAR 扫描一般较难获取灾场建筑物的全部墙面信息，本研究建议在仅有部分地面 LiDAR 扫描数据的情况下，尽量选用相互垂直的墙面来评估建筑物的倾斜程度。

4.2.3 实验与结果分析

当前对地质灾害的研究尚无联合低空无人机和地面 LiDAR 扫描进行建筑物损毁评估的应用案例。由于地质灾害的不可求性，本研究以北京师范大学怀来

实验基地中的完好建筑物为例，期望计算各完好建筑物的倾斜角度尽量小，以此从侧面验证本书方法的有效性。

实验区共包含 5 个完好建筑物：非对称类型建筑物 3 座（ID = 2，3，4），对称类型建筑物 2 座（ID = 1，5）。基于融合后的点云，本研究采用随机抽样一致性算法对点云进行平面分割，获取建筑物的屋顶、墙面和地面信息。为显示方便，表 4.3 列出了各建筑物空地异源点云融合的结果及部分分割平面（屋顶、墙面和地面）。

表 4.3　基于空地融合点云的完好建筑物倾斜检测结果

ID	类型	融合点云	部分点云分割平面	φ_{wall}/(°)	φ'_{wall}/(°)	φ_m/(°)
1	对称			0.74	0.12	0.70
2	非对称			0.31	0.28	—
3	非对称			0.59	0.52	—
4	非对称			0.63	0.09	—
5	对称			0.52	0.38	0.52

实验设计如下：对每个建筑物随机选取两个垂直墙面，以此计算建筑物的倾斜角度，分别记为 φ_{wall} 和 φ'_{wall}；对 1 和 5 号建筑物额外采用主平面估计法计算

倾斜角度，记为 φ_m。表 4.3 列出了建筑物的倾斜角度。结果表明：各建筑物的倾角范围基本一致，均小于 1°，既从侧面验证了本算法对建筑物倾斜检测的有效性，也表明了倾斜检测作为建筑物损毁评估的合理性。

4.3 建筑物损毁评估

目前，建筑物损毁评估方法多依赖于现场调查（Okada 和 Takai，2000）。该类方法一方面所需人力和时间成本巨大，另一方面评估人员还会面临次生灾害危险。上文从多源遥感平台协同观测的角度提出了有效的建筑物损毁评估方法，可在一定程度上克服实地调查面临的问题。然而，目前国内外对建筑物损毁程度的划分并无统一的标准。基于现场调查的建筑物损毁评估标准有 EMS - 98、Japan Prime Minister's Office 和 Architectural Institute of Japan 等。Okada 和 Takai（2000）对比了上述三种标准对不同结构类型的建筑物（砌体结构、木结构和钢筋混凝土结构）损毁评估的差别，并针对木结构建筑物给出了新的损毁评估标准。从遥感解译角度出发，我国地震行业给出了建筑物损毁评估的标准，将建筑物损毁等级分为 4 级：Ⅰ级倒塌、Ⅱ级局部倒塌、Ⅲ级未倒塌（有明显破坏）和Ⅳ级未倒塌（无明显破坏）。其中，对倾斜受损的建筑物统归为Ⅰ级倒塌类别，而未对建筑倾斜大小进行区分，这是有局限和不足的。为此，本研究以芦山 7.0 级地震灾区的建筑物为例探讨不同结构类型建筑物的倾斜角度与其损毁程度之间的关系，期望为遥感灾害应急情况下的建筑物损毁评估提供新的参考标准。

4.3.1 芦山 7.0 级地震灾区建筑物倾斜检测

以芦山 7.0 级地震为例，基于低空影像重建点云的分类结果（见本书第 3 章）提取灾区建筑物共 47 座并按序号标记，如图 4.13 所示。调查发现，除 45 号建筑物外，其他建筑物均为对称或半对称类型。

表 4.4 为采用本书 4.3 节中所述方法计算得到各建筑物的倾斜结果。图 4.14 为依据上述基于主平面估计法检测建筑物倾斜角度中结果以 1°为采样间隔得到的建筑物倾斜角度的统计直方图。从图 4.14 中可见，大部分建筑物（35/47）的倾斜角度小于 1°，该角度范围可能来自点云重建或主平面估算误差，可近似认为这部分建筑物的主体结构完好；剩余建筑物（12/47）的倾斜角度稍大，倾角范围为 1° ~9°，可能受本次地震影响出现了严重结构损毁。

调查发现，上述 47 座建筑物中其中包含木结构建筑物 25 座，钢筋混凝土结构建筑物 21 座，且不同结构类型建筑物的倾斜角度与其损毁程度差别较大。

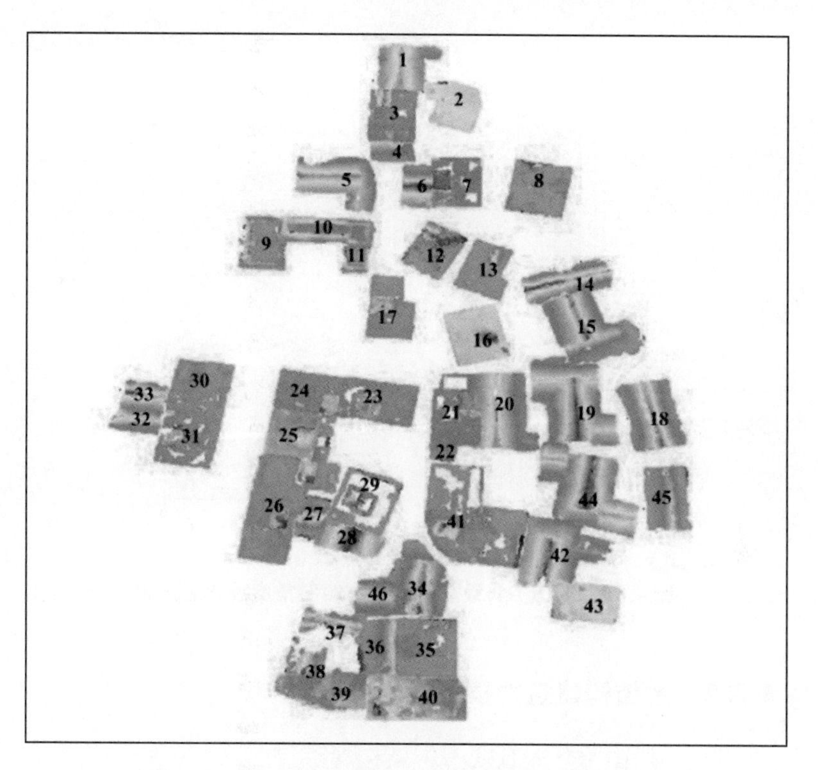

图 4.13　芦山 7.0 级震区分类后的建筑物屋顶点云

下面将分别探讨不同结构类型建筑物的倾斜角度与其损毁程度之间的关系，并提出合理的建筑物损毁评估参考标准。

表 4.4　芦山 7.0 级震区建筑物倾斜检测结果

建筑序号	1	2	3	4	5	6	7	8	9	10	11	12
倾斜角度/(°)	0.66	0.89	0.56	**5.84**	0.37	0.59	0.69	0.35	0.21	1.07	0.12	0.55
建筑序号	13	14	15	16	17	18	19	20	21	22	23	24
倾斜角度/(°)	0.45	0.95	0.36	0.45	0.62	0.29	0.33	0.90	1.10	**4.81**	0.54	0.54
建筑序号	25	26	27	28	29	30	31	32	33	34	35	36
倾斜角度/(°)	0.52	0.41	**6.16**	0.32	0.70	0.57	0.52	0.83	0.75	0.71	0.52	**8.09**
建筑序号	37	38	39	40	41	42	43	44	46	47		
倾斜角度/(°)	**2.47**	**1.13**	0.56	0.72	0.63	0.27	0.46	0.33	1.07	**6.76**		

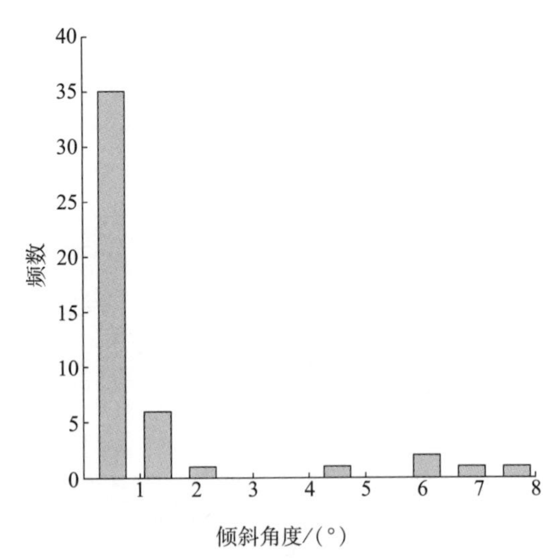

图 4.14　芦山 7.0 级震区建筑物倾斜角度统计直方图

4.3.2　木结构建筑物损毁评估

表 4.5 列出了芦山 7.0 级震区中木结构建筑物的序号和倾斜角度。图 4.15 为依据表 4.5 结果得到的木结构建筑物倾斜角度统计直方图。结果显示，芦山 7.0 级地震灾区中木结构建筑物的倾斜角度范围为 0°~9°，且约 80% 的木结构建筑物倾斜角度小于 1°；第 38、37 号建筑物倾斜角度稍大，分别为 1.13°、2.47°；第 22、4、27、47 和 36 号建筑物的倾斜角度较大，分别为 4.81°、5.84°、6.16°、6.76°和 8.09°。

表 4.5　芦山 7.0 级震区木结构建筑物倾斜检测结果

建筑序号	1	4	5	6	14	15	18	19	20	22	27	28	30
倾斜角度/(°)	0.66	**5.84**	0.37	0.59	0.95	0.36	0.29	0.33	0.90	**4.81**	**6.16**	0.32	0.57
建筑序号	31	32	33	34	36	37	38	40	42	44	46	47	
倾斜角度/(°)	0.52	0.83	0.75	0.71	**8.09**	**2.47**	**1.13**	0.72	0.27	0.33	1.07	**6.76**	

为探讨木结构建筑物倾斜角度与其损毁程度的关系，本研究利用芦山 7.0 级震区的低空影像对部分倾斜建筑物的损毁程度进行解译分析，详见表 4.6。结果表明：芦山 7.0 级地震中木结构建筑物均出现了一定程度的结构受损，其中，倾斜角度较小（<1°）的建筑物，结构损毁主要表现为局部屋顶破损，如镂空；倾斜角度在 1°~4°范围内的建筑物损毁仍以屋顶破损为主，但局部屋顶

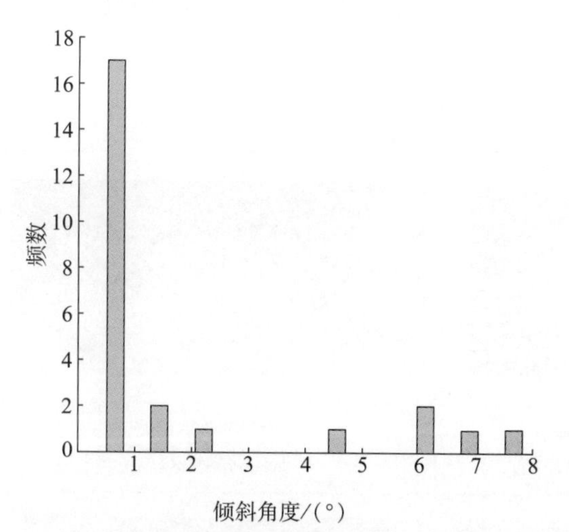

图 4.15　芦山 7.0 级震区木结构建筑物倾斜角度统计直方图

已有明显开裂；倾斜角度在 4°～6°范围内的建筑出现局部屋面断裂，且局部墙体破损（周边碎屑散落明显）；倾斜角 >6°的建筑物已有局部屋顶坍塌，周边碎屑物堆积较多，可推断部分墙体坍塌。本研究调查结果与 Okada 和 Takai（2000）的研究成果基本一致，揭示了木结构建筑物抗震能力弱的特点。

表 4.6　基于低空影像的木结构建筑物倾斜验证结果

验证影像	19 号建筑，倾斜角 0.33°	33 号建筑，倾斜角 0.75°	6 号建筑，倾斜角 0.59°
	46 号建筑，倾斜角 1.08°	38 号建筑，倾斜角 1.13°	20 号建筑，倾斜角 0.9°

续表

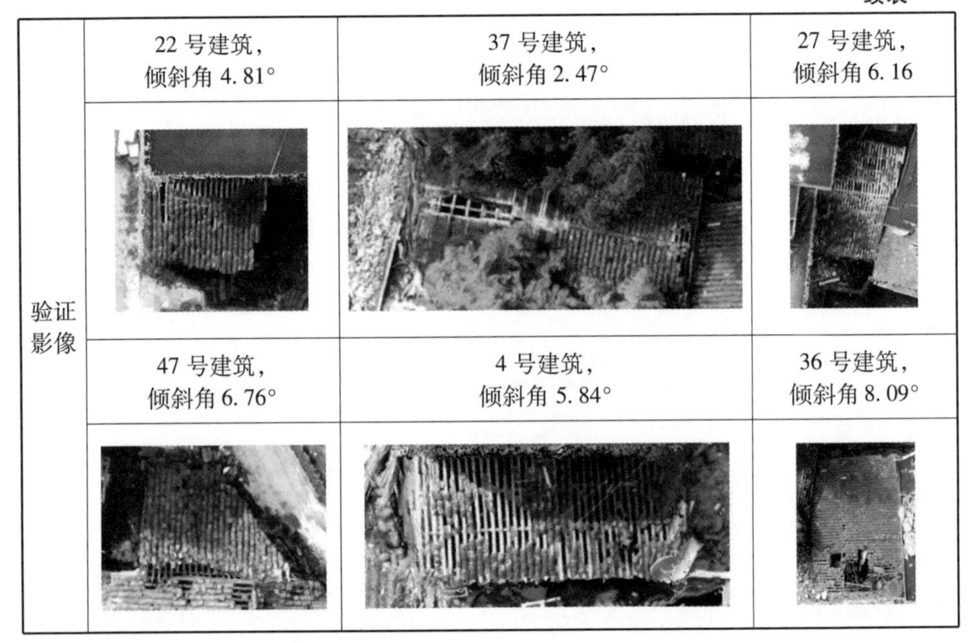

验证影像	22 号建筑，倾斜角 4.81°	37 号建筑，倾斜角 2.47°	27 号建筑，倾斜角 6.16
	47 号建筑，倾斜角 6.76°	4 号建筑，倾斜角 5.84°	36 号建筑，倾斜角 8.09°

据此，本研究依据 Okada 和 Takai（2000）的划分标准将木结构建筑物的损毁程度划分为 3 级：Ⅰ级中等损毁，Ⅱ级严重损毁，Ⅲ级重大损毁。图 4.16 为参照 Okada 和 Takai（2000）的评估标准对芦山 7.0 级震区建筑物损毁程度的调查结果，依据建筑物的倾斜角大小给出了木结构建筑物损毁评估的参考标准为：Ⅰ级中等损毁（0°～4.0°），Ⅱ级严重损毁（4.0°～6.0°），Ⅲ级重大损毁（>6.0°）。

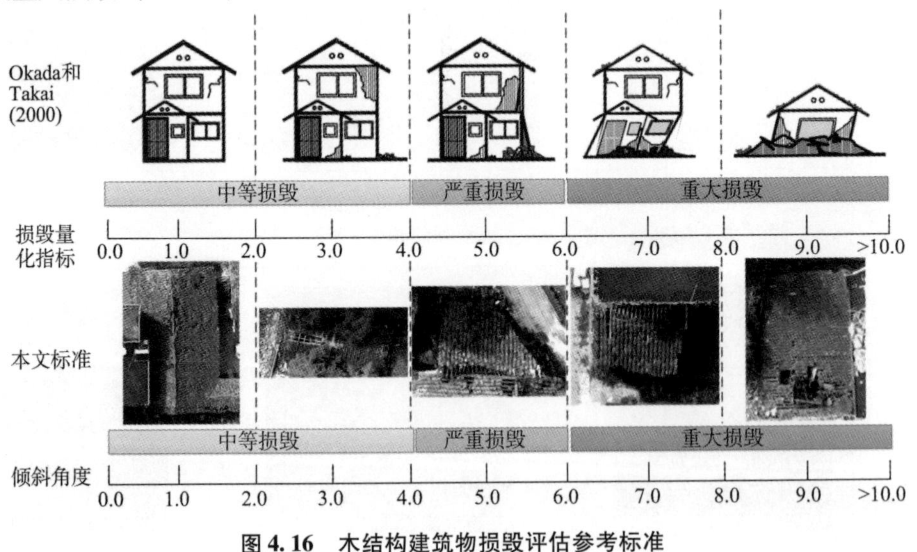

图 4.16　木结构建筑物损毁评估参考标准

4.3.3　其他结构建筑物损毁评估

本节分别以芦山 7.0 级地震灾区中的部分建筑物类型为例，探讨钢筋混凝土结构建筑物损毁评估标准。本研究统计的芦山 7.0 级震区 47 座建筑物中钢筋混凝土结构类型建筑物 21 座，对应序号 ID 和倾斜角 φ 如表 4.7 所示。据此，得到该类建筑物倾斜角的统计直方图，如图 4.17 所示。与图 4.15 对比发现，图 4.17 中所示建筑物的倾斜角较小（0°～1°），一定程度上说明了在同等灾害强度下，钢筋混凝土结构建筑物较木结构建筑物所受的倾斜损毁程度小。

表 4.7　芦山 7.0 级震区钢筋混凝土结构建筑物倾斜检测结果

建筑序号	2	3	7	8	9	10	11	12	13	16	17
倾斜角度/(°)	0.89	0.56	0.69	0.35	0.21	**1.07**	0.12	0.55	0.45	0.45	0.62
建筑序号	21	23	24	25	26	29	35	39	41	43	
倾斜角度/(°)	**1.10**	0.54	0.54	0.52	0.41	0.70	0.52	0.56	0.63	0.46	

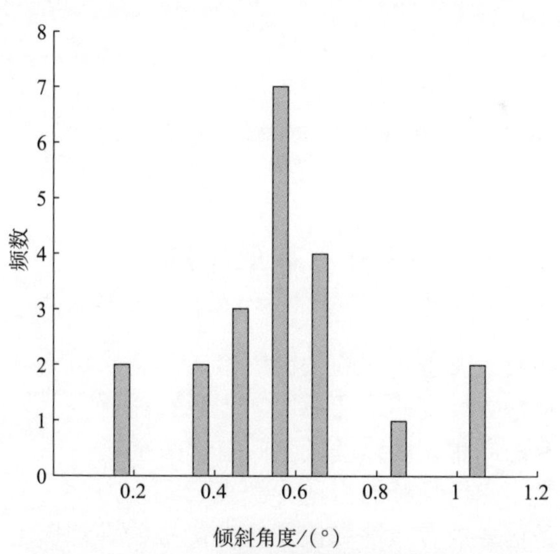

图 4.17　芦山 7.0 级震区钢筋混凝土结构建筑物倾斜角度统计直方图

本研究以芦山 7.0 级地震灾区的钢筋混凝土结构建筑物为例，通过调查该类建筑物倾斜角与其损毁程度之间的关系，提出了遥感灾害测量条件下的钢筋混凝土结构建筑物损毁评估的参考标准。本研究将该类建筑物的损毁程度分为 3 级：Ⅰ级轻微受损（0° ~1.0°），Ⅱ级中度损毁（1.0° ~2.0°），Ⅲ级严重损毁（>2°）。图 4.18 为本研究提出的参考标准与 EMS－1998 评估标准的对比结果。需要指出的是，由于本研究案例中缺少钢筋混凝土类型建筑物的Ⅲ级严重损毁案例，本研究给出的参考标准（>2°）有待进一步完善，特此说明。

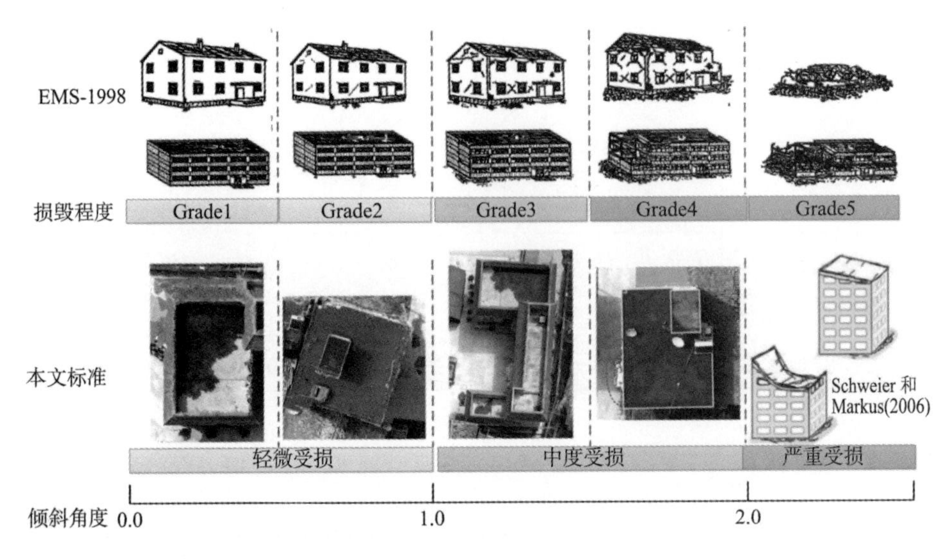

图 4.18　钢筋混凝土结构建筑物损毁评估参考标准

4.4　本章小结

建筑物损毁评估是灾情评估的关键内容，而基于点云数据的建筑物倾斜检测是评估建筑物损毁程度的重要手段。本章针对低空测量较难获取城区建筑物完备三维点云的问题，设计了联合低空影像重建与地面 LiDAR 扫描的协同观测模式，研究了由粗到精的空地异源点云融合方法，验证了空地融合点云对获取地物完备信息的有效性和模型精度的准确性；提出了基于空地融合点云的建筑物倾斜检测方法，并以完好建筑物为例从侧面验证了该方法的有效性；以芦山 7.0 级地震灾区为案例探讨了建筑物倾斜角度与其损毁程度之间的关系，从遥感立体测量的角度提出了不同结构类型建筑物损毁评估的参考标准。

05

第 5 章
总结与展望

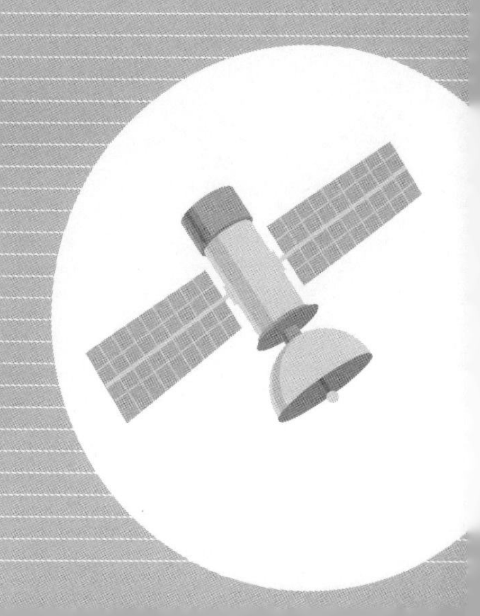

5.1 总　　结

重大地质灾害具有灾害种类多、发生频率高和影响范围广的特点，是危害人类生命安全和社会稳定的重要因素。由于重大地质灾害，如地震，具有不可预测和不可抗拒性，常常造成大量的人员伤亡和巨大的财产损失。大量研究表明，重大地质灾害导致的大面积建筑物损毁是造成人员伤亡和财产损失的主要原因。因此，快速有效的灾害应急测量和建筑物损毁评估成为应对重大地质灾害的主要课题。

首先，为提高灾害应急测量的可靠性和时效性，本研究基于遥感技术，以低空无人机测量和计算机视觉为主要手段，分析了低空影像三维重建对灾情增强观测的意义并重点解决了低空影像三维重建效率低的问题。本研究具体以传统摄影测量、拓扑学和图论理论为支撑，提出了影像拓扑骨架提取方法，并以大区域灾害场景三维重建为目的，提出了集成影像拓扑骨架的运动恢复结构（SCN－SfM）算法。

其次，解决了基于低空影像重建点云的复杂灾场地物分类问题。利用影像重建点云具有 RGB 信息的优势构建了兼顾光谱、纹理和几何特征的点云特征描述子，提高灾场地物的可分性；针对灾场地物复杂的特点和可靠样本选择困难的问题，提出了基于多类不确定性—边缘采样（MCLU－MS）的主动学习方法，节省了人力采样的成本，提高了分类精度。

最后，针对单一传感器较难获取灾场完备三维信息的问题，设计了联合低空影像重建与地面 LiDAR 扫描的协同作业模式，并提出了有效的空地异源点云融合方法，聚焦建筑物倾斜检测，服务建筑物损毁评估。通过调查统计，探讨了建筑物倾斜角度与其损毁程度之间关系，从遥感立体测量的角度提出了建筑物损毁评估的参考标准。

5.1.1 本研究包括的主要内容

（1）顾及影像拓扑骨架的低空影像快速三维重建。

①低空影像三维重建可以有效解决传统遥感影像灾情解译精度低的问题。针对传统运动恢复结构算法（SfM）效率低的问题，本研究创新地提出了顾及影像拓扑骨架的运动恢复结构（SCN－SfM）算法：首先利用低空无人机获取的飞控数据，采用坐标投影和拓扑分析结合的方法构建影像拓扑关系 TCN；其次结合视觉重建对影像匹配的理论需求，创新地提出了一种分层度约束的最大生成树（HDB－MST）算法，删除 TCN 中的冗余边，提取影像拓扑骨架 SCN；最后利用 SCN 约束影像匹配范围，解决了 SfM 算法中的冗余匹配问题，使得影像匹配的时间复杂度由原算法的 $O(n^2)$ 降低为 $O(n)$，显著提高了低空影像三维重建的效率。

②以三组不同类型的低空影像集为例，并与其他三种视觉重建方法对比，综合验证了 SCN－SfM 算法的高效性和重建模型的准确性。尤其是通过对大数据低空影像集（包含 947 张低空影像）的测试，充分验证了 SCN－SfM 算法处理大数据低空影像集的有效性，为大区域灾场快速三维重建提供了技术保障。

（2）基于低空影像重建点云的灾场地物分类。

①充分利用低空影像重建点云具有 RGB 和三维坐标的特点，提取了多个光谱、纹理和几何特征，并通过线性组合的方式构建点云特征描述子。

②以监督分类为基础，选用 SVM 分类器，提出了基于多类不确定性—边缘采样（MCLU－MS）的主动学习算法，优化采样机制，解决了复杂灾场环境下选择可靠训练样本存在的困难。

③通过采集少而优的训练样本，保证了灾场地物分类的时效性和精度。以国内外三次地震为例，探讨了不同特征对灾场地物的分类能力，验证了光谱＋纹理＋几何的组合特征对提高地物可分性的有效性；验证了 MCLU－MS 算法对复杂灾场地物采样的可靠性和提高分类精度的有效性，凸显了主动学习算法在复杂灾场地物分类中的必要性。

（3）基于空地异源点云的建筑物倾斜检测和损毁评估。

①针对低空测量较难获取地物完备三维信息的问题，设计了联合低空影像重建与地面 LiDAR 扫描的协同观测模式；研究了由粗到精的点云配准方法实现了空地异源点云的无缝融合；测试了空地融合点云对获取地物完备三维信息的有效性和模型精度的准确性（测距相对误差小于 ±0.2%）；提出了基于空地融

合点云的建筑物倾斜检测方法。

②以芦山 7.0 级地震灾区建筑物为例，探讨了建筑物倾斜角度与损毁程度之间的关系，并从遥感立体测量的角度提出了建筑物损毁评估的参考标准。

5.1.2　本研究可能的创新点

（1）创新地提出了一种分层度约束的最大生成树（HDB－MST）算法提取影像拓扑骨架 SCN，并据此提出了顾及影像拓扑骨架的运动恢复结构（SCN－SfM）算法。

（2）构建了基于光谱、纹理和几何信息的点云特征描述子，提出了基于多类不确定性—边缘采样（MCLU－MS）的主动学习算法。

（3）研究了由粗到精的空地异源点云融合方法，提出了基于空地融合点云的建筑物倾斜检测方法，并从遥感灾害监测的角度提出了建筑物损毁评估的参考标准。

5.1.3　本研究解决了灾情应急测量和灾情评估中的三个关键问题

（1）获取灾场完备三维数据，增强灾情观测能力。

①研究低空影像快速三维重建方法，从低空影像序列恢复灾场三维结构，将灾情评估由二维解译提高为三维分析，增强了对灾情观测的合理性。

②研究空地异源点云融合方法，解决了单一传感器较难获取地物完备数据的问题，为灾害应急测量提供了新的观测模式。

（2）优化数据处理方法，提高灾害应急的时效性。

①以传统航空摄影测量理论与拓扑学有机结合，并以图论理论为支撑，优化影像的空间关系，以解决计算机视觉中遍历影像匹配的冗余问题。

②以机器学习为基础，采用主动学习算法来优化复杂灾场中可靠样本选择难的问题，节省人力成本并提高分类精度。

（3）完善多源数据的融合机制，提高灾情评估精度。

①从特征组合层面，利用影像重建点云同时具有 RGB 和三维信息的特点，构建光谱＋纹理＋几何的特征描述子，弥补单一特征对地物分类精度的不足。

②从数据融合层面，运用低空无人机与地面 LiDAR 扫描结合获取数据的优势，通过点云融合的方式丰富了对地物表达的效果，尤其是提高获取建筑物的顶面和侧面信息的能力，提升了建筑物损毁评估的可靠性。

5.2　展　　望

虽然本项目在低空影像快速三维重建、灾场地物分类、空地异源点云融合和建筑物损毁评估等方面取得了一些研究进展，但仍存在一些不足，尚有很多值得深入研究和讨论的问题。在今后的研究中将主要从以下几个方面继续完善：

（1）本项目研究提出的影像拓扑骨架虽然极大地简化了影像的邻接关系，避免了影像匹配的冗余，但是低空影像之间具有较高的重叠度，其对视觉重建的需求而言存在一定的数据冗余。后续研究可以先依据影像拓扑关系删除部分冗余影像，然后构建拓扑骨架，从精简影像数目和匹配次数两个方面提高影像重建效率。

（2）本项目研究利用影像拓扑骨架解决了特征匹配中的冗余问题，而未对恢复重建的迭代平差过程进行优化。后续研究中可望借助拓扑骨架提取的过程对影像集分层、并行重建，解决恢复重建过程的耗时问题。

（3）本项目研究提出的灾场地物分类方法尚不能很好地解决阴影区的地物分类问题。Li 等（2015）以高分辨率遥感影像为例，通过建立地物与阴影之间的上下文关系，很好地剔除了阴影对分类结果的影响，这为后续研究如何减少阴影对三维点云分类的影响提供了参考。

（4）本项目研究验证了基于不确定性采样机制的主动学习算法在复杂灾场地物分类中的有效性。研究表明，除样本的特征空间外，采集样本的空间分布对分类结果也具有一定的影响，因此，后续研究可望通过样本的空间关系优化采样机制，提升灾场地物的分类精度。

（5）本项目研究在空地异源点云融合过程中，仍需要手动选取同名标识或同名地物进行粗配准，自动化程度不高，且粗配准精度受限于同名地物选取的精度和其空间分布的情况。目前一些学者对影像或点云的特征提取和匹配算法已有大量研究，后续研究可以采用或设计对点云密度鲁棒性较强的特征提取和匹配方法实现快速、自动的异源点云配准。

（6）本项目研究以遥感立体测量为手段，重点解决了基于建筑物倾斜程度的结构损毁评估问题。但研究方法尚不能评估所有建筑物损毁类型，如针对多层坍塌但主体没有倾斜的损毁建筑物，可借助其他辅助数据（如基础地理信息数据、灾前 DSM 等）进行损毁评估。因此，联合灾前、灾后多源遥感数据的建筑物损毁评估也将是今后研究的重要课题。

（7）目前对低空影像的应用尚局限于数据处理层面，后续研究需考虑多机协同的作业模式，研究高效、合理的航线优化和设计方案；同时，研究多源（影像 + 视频帧）、多目（倾斜多目相机）和多分辨率的低空影像三维重建方法，以期进一步提高灾害应急测量水平和增强灾情识别的能力。

参考文献

[1] 董建国. 航空摄影技术在地震灾害监测与评估中的应用 [J]. 地域研究与开发, 2008, 27 (4): 117 - 120.

[2] 李德仁, 郭晟, 胡庆武. 基于3S集成技术的LD2000系列移动道路测量系统及其应用 [J]. 测绘学报, 2008, 37 (3): 272 - 276.

[3] 李京, 蒋卫国, 王圆圆, 常燕. 空间技术在灾害与环境中的应用 [J]. 中国工程科学, 2008, 10 (6): 33 - 40.

[4] 李志锋, 吴立新, 王然等. 四川芦山 Ms 7.0 级地震灾情快速评估与反思 [J]. 科技导报, 2013, 31 (12): 31 - 36.

[5] 刘军, 张永生, 王冬红. 基于RPC模型的高分辨率卫星影像精确定位 [J]. 测绘学报, 2006, 35 (1): 30 - 34.

[6] 刘军, 张永生, 王冬红, 徐卫明. POS AV510 - DG系统外方位元素的计算方法 [J]. 测绘技术装备, 2004, 6 (4): 6 - 9.

[7] 刘亚文, 利用数码像机进行房产测量与建筑物的精细三维重建 [D]. 武汉: 武汉大学, 2004.

[8] 潘倩. 利用IRS - P5立体像对提取震害区DEM及应用研究 [D]. 成都: 成都理工大学, 2010.

[9] 沈永林, 刘军, 吴立新, 李发帅, 王植. 基于无人机影像和飞控数据的灾场重建方法研究 [J]. 地理与地理信息科学, 2012, 27 (6): 13 - 17.

[10] 四维数码. PixelGrid 高分辨率遥感影像数据一体化测图系统 V5.0. http://www.bjsiwei.net.cn/news/2013815/n15872013815151330.html. (Accessed March 20th, 2016).

[11] 佟帅, 徐晓刚, 易成涛, 邵承永. 基于视觉的三维重建技术综述倡 [J]. 计算机应用研究, 2011, 28 (7): 2411 - 2417.

[12] 吴立新, 李德仁. 未来对地观测协作与防灾减灾 [J]. 地理与地理信息科学, 2006, 22 (3): 1 - 8.

[13] 吴立新, 许志华. 一种无人机与地面激光扫描仪的联合标定装置 [p]. 中

国专利，204286457U，2015－04－22.

［14］许志华，刘纯波，王平，等．四川芦山 Ms 7.0 级地震空基联合观测与灾情增强识别［J］．科技导报，2013，31（12）：37－41.

［15］许志华，吴立新，陈绍杰，王植．基于无人机影像的露天矿工程量监测分析方法［J］．东北大学学报（自然科学版），2016，37（1），84－88.

［16］许志华，吴立新，刘军，等．顾及影像拓扑的 SfM 算法改进及其在灾场三维重建中的应用［J］．武汉大学学报（信息科学版），2015，5（7）：599－606.

［17］晏磊，吕书强，赵红颖，等．无人机航空遥感系统关键技术研究［J］．武汉大学学报（工学版），2004，37（6）：67－70.

［18］袁一凡．四川汶川 8.0 级地震损失评估［J］．地震工程与工程振动，2008，28（5）：10－19.

［19］臧克，孙永华，李京，等．微型无人机遥感系统在汶川地震中的应用［J］．自然灾害学报，2010，19（3）：162－166.

［20］翟瑞芳．激光点云和数字影像结合的小型文物重建研究［D］．武汉：武汉大学，2004.

［21］张永生，刘军．高分辨率遥感卫星立体影像 RPC 模型定位的算法及其优化［J］．测绘工程，2004，13（1）：1－4.

［22］Adams, B. J., Mansouri, B., Huyck, C. K., (2005). Streamlining post-earthquake data collection and damage assessment for the 2003 Bam, Iran earthquake using visualizing impacts of earthquakes with satellites. *Earthquake Spectra* 21 (S1), 213－218.

［23］Autodesk, 123 catch, (2012). http://www.123dapp.com/catch. (Accessed March 20th, 2016).

［24］Autodesk, ReCap 360, (2013). http://recaphub.autodesk.com/. (Accessed March 20th, 2016).

［25］Akçay, H. G., Aksoy, S., (2007). Morphological segmentation of urban structures, Proc. Urban Remote Sensing Joint Event, pp. 1－6.

［26］Al-Kadi, O. S., Watson, D., (2008). Texture analysis of aggressive and nonaggressive lung tumor CE CT images. *IEEE Transactions on Biomedical Engineering*, 55 (7), 1822－1830.

［27］Alexandre, L. A., (2012). 3D descriptors for object and category recognition: a comparative evaluation, Proc. International Conference on Intelligent Robots and Systems, pp. 7－14.

［28］Alsadik, B., Gerke, M., Vosselman, G., (2013). Automated camera network design for 3D modeling of cultural heritage objects. *Journal of Cultural Heritage* 14 (6), 515 – 526.

[29] Alsadik, B., Gerke, M., Vosselman, G., (2015). Efficient Use of Video for 3d Modelling of Cultural Heritage Objects. *ISPRS Annals of Photogrammetry, Remote Sensing and Spatial Information Sciences* 1, 1 – 8.

[30] Alsadik, B., Gerke, M., Vosselman, G., Daham, A., Jasim, L., (2014). Minimal camera networks for 3D image based modeling of cultural heritage objects. *Sensors* 14 (4), 5785 – 5804.

[31] Altan, O., Toz, G., Kulur, S., Seker, D., Volz, S., Fritsch, D., Sester, M., 2001. Photogrammetry and geographic information systems for quick assessment, documentation and analysis of earthquakes. *ISPRS Journal of Photogrammetry and Remote Sensing* 55 (5), 359 – 372.

[32] Arya, S., Mount, D. M., Netanyahu, N. S., Silverman, R., Wu, A. Y., (1998). An optimal algorithm for approximate nearest neighbor searching fixed dimensions. *Journal of the ACM* 45 (6), 891 – 923.

[33] Aslam, M. W., Zhu, Z., Nandi, A. K., (2012). Automatic modulation classification using combination of genetic programming and KNN. *IEEE Transactions on Wireless Communications*, 11 (8), 2742 – 2750.

[34] Bae, K.-H., Belton, D., Lichti, D., (2005). A framework for position uncertainty of unorganised three-dimensional point clouds from near-monostatic laser scanners using covariance analysis. *International Archives of Photogrammetry and Remote Sensing* 36 (3/W19), 7 – 12.

[35] Baltsavias, E., (2004). Object extraction and revision by image analysis using existing geodata and knowledge: current status and steps towards operational systems. *ISPRS Journal of Photogrammetry and Remote Sensing* 58 (3), 129 – 151.

[36] Balz, T., Liao, M., (2010). Building-damage detection using post-seismic high-resolution SAR satellite data. *International Journal of Remote Sensing* 31 (13), 3369 – 3391.

[37] Barnea, S., Filin, S., (2008). Keypoint based autonomous registration of terrestrial laser point-clouds. *ISPRS Journal of Photogrammetry and Remote Sensing* 63 (1), 19 – 35.

[38] Bay, H., Tuytelaars, T., Van Gool, L., (2006). Surf: Speeded up robust features. Proc: European Conference on Computer vision. Springer, pp. 404 – 417.

[39] Benz, U. C. , Hofmann, P. , Willhauck, G. , Lingenfelder, I. , Heynen, M. , (2004). Multi-resolution, object-oriented fuzzy analysis of remote sensing data for GIS-ready information. *ISPRS Journal of Photogrammetry and Remote Sensing* 58 (3), 239 – 258.

[40] Besl, P. J. , McKay, N. D. , (1992). Method for registration of 3 – D shapes, Proc. Robotics-DL tentative, pp. 586 – 606.

[41] Brenner, C. , Dold, C. , Ripperda, N. , (2008). Coarse orientation of terrestrial laser scans in urban environments. *ISPRS Journal of Photogrammetry and Remote Sensing* 63 (1), 4 – 18.

[42] Brinker, K. , (2003). Incorporating diversity in active learning with support vector machines, Proc. International Coference on Machine Learning, pp. 59 – 66.

[43] Brunner, D. , Lemoine, G. , Bruzzone, L. , (2010). Earthquake damage assessment of buildings using VHR optical and SAR imagery. *IEEE Transactions on Geoscience and Remote Sensing*, 48 (5), 2403 – 2420.

[44] Bruzzone, L. , Smits, P. C. , Tilton, J. C. , (2003). Foreword special issue on analysis of multitemporal remote sensing images. *IEEE Transactions on Geoscience and Remote Sensing*, 41 (11), 2419 – 2422.

[45] Buczkowski, S. , Kyriacos, S. , Nekka, F. , Cartilier, L. , (1998). The modified box-counting method: analysis of some characteristic parameters. *Pattern Recognition* 31 (4), 411 – 418.

[46] Bulatov, D. , Häufel, G. , Meidow, J. , Pohl, M. , Solbrig, P. , Wernerus, P. , (2014). Context-based automatic reconstruction and texturing of 3D urban terrain for quick-response tasks. *ISPRS Journal of Photogrammetry and Remote Sensing* 93, 157 – 170.

[47] Campbell, C. , Cristianini, N. , Smola, A. , (2000). Query learning with large margin classifiers, Proc. 17th International Conference on Machine Learning, pp. 111 – 118.

[48] Carozza, L. , Tingdahl, D. , Bosché, F. , Gool, L. , (2014). Markerless Vision-Based Augmented Reality for Urban Planning. *Computer Aided Civil and Infrastructure Engineering* 29 (1), 2 – 17.

[49] Catlett, J. , Lewis, D. , (1994). Heterogeneous uncertainty sampling for supervised learning, Proc. 11th International Conference on Machine Learning, pp. 148 – 159

[50] Chen, Y. , Medioni, G. , (1992). Object modelling by registration of multiple

range images. *Image and vision computing* 10 (3), 145 – 155.

[51] Chini, M., Bignami, C., Stramondo, S., Pierdicca, N., (2008). Uplift and subsidence due to the 26 December 2004 Indonesian earthquake detected by SAR data. *International Journal of Remote Sensing* 29 (13), 3891 – 3910.

[52] Chum, O., Philbin, J., Sivic, J., Isard, M., Zisserman, A., (2007). Total recall: Automatic query expansion with a generative feature model for object retrieval, Proc. IEEE 11th International Conference on Computer Vision, pp. 1 – 8.

[53] Cortes, C., Vapnik, V., (1995). Support-vector networks. *Machine learning* 20 (3), 273 – 297.

[54] D'Apuzzo, N., (2003). Surface measurement and tracking of human body parts from multi station video sequences. *Institut für Geodäsie und Photogrammetrie*, 12 (3), 233 – 237.

[55] Dong, P., Guo, H., (2012). A framework for automated assessment of post-earthquake building damage using geospatial data. *International Journal of Remote Sensing* 33 (1), 81 – 100.

[56] Dorai, C., Wang, G., Jain, A. K., Mercer, C., (1998). Registration and integration of multiple object views for 3D model construction. *IEEE Transactions on Pattern Analysis and Machine Intelligence*, 20 (1), 83 – 89.

[57] Dorai, C., Weng, J., Jain, A. K., (1997). Optimal registration of object views using range data. *IEEE Transactions on Pattern Analysis and Machine Intelligence*, 19 (10), 1131 – 1138.

[58] Douterloigne, K., Gautama, S., Philips, W., (2010). On the accuracy of 3D landscapes from UAV image data, Proc. IEEE International Geoscience and Remote Sensing Symposium, pp. 589 – 592.

[59] E. Pasolli, F. M., and Y. Bazi, (2011). Support vector machine active learning through significance space construction. *IEEE Geoscience and Remote Sensing Letters* 8, 431 – 435.

[60] Eggert, D. W., Fitzgibbon, A. W., Fisher, R. B., (1998). Simultaneous registration of multiple range views for use in reverse engineering of CAD models. *Computer Vision and Image Understanding* 69 (3), 253 – 272.

[61] Ehrlich, D., Guo, H., Molch, K., Ma, J., Pesaresi, M., (2009). Identifying damage caused by the 2008 Wenchuan earthquake from VHR remote sensing data. *International Journal of Digital Earth* 2 (4), 309 – 326.

[62] El-Hakim, S. F., Beraldin, J. A., Picard, M., Godin, G., (2004).

Detailed 3D reconstruction of large-scale heritage sites with integrated techniques. *IEEE Computer Graphics and Applications*, 24 (3), 21 – 29.

[63] Ezequiel, C. A. F., Cua, M., Libatique, N. C., Tangonan, G. L., Alampay, R., Labuguen, R. T., Favila, C. M., Honrado, J. L. E., Canos, V., Devaney, C., (2014). UAV aerial imaging applications for post-disaster assessment, environmental management and infrastructure development, Proc. 2014 International Conference on Unmanned Aircraft Systems, pp. 274 – 283.

[64] Faugeras, O. D., Hebert, M., (1986). The representation, recognition, and locating of 3 – D objects. *The International Journal of Robotics Research* 5 (3), 27 – 52.

[65] Feng, J., Wu, L., Ma, S., (2014). Research of 3D Virtual Scene Generation and Visualization Based on Images. Proc. Advances in Intelligent Systems and Computing. Springer, International Publishing, pp. 375 – 386.

[66] Fernandez Galarreta, J., Kerle, N., Gerke, M., (2015). UAV-based urban structural damage assessment using object-based image analysis and semantic reasoning. *Natural Hazards and Earth System Science* 15 (6), 1087 – 1101.

[67] Fischler, M. A., Bolles, R. C., (1981). Random sample consensus: a paradigm for model fitting with applications to image analysis and automated cartography. *Communications of the Association for Computing Machinery* 24 (6), 381 – 395.

[68] Freund, Y., Seung, H. S., Shamir, E., Tishby, N., (1997). Selective sampling using the query by committee algorithm. *Machine Learning* 28 (2 – 3), 133 – 168.

[69] Furukawa, Y., Sethi, A., Ponce, J., Kriegman, D., (2004). Structure and motion from images of smooth textureless objects, Proc. Lecture Notes in Computer Science, pp. 287 – 298.

[70] Gademer, A., Petitpas, B., Mobaied, S., Beaudoin, L., Riera, B., Roux, M., Rudant, J.-P., (2010). Developing a lowcost Vertical Take Off and Landing Unmanned Aerial System for centimetric monitoring of biodiversity the Fontainebleau Forest case, Proc. IEEE International Geoscience and Remote Sensing Symposium, pp. 600 – 603.

[71] Galloway, M. M., (1975). Texture analysis using gray level run lengths. *Computer graphics and image processing* 4 (2), 172 – 179.

[72] Gamba, P., Casciati, F., (1998). GIS and image understanding for near-

real-time earthquake damage assessment. *Photogrammetric Engineering and Remote Sensing* 64, 987 – 994.

[73] Gerke, M., (2011). Using horizontal and vertical building structure to constrain indirect sensor orientation. *ISPRS Journal of Photogrammetry and Remote Sensing* 66 (3), 307 – 316.

[74] Gerke, M., Kerle, N., (2011). Automatic structural seismic damage assessment with airborne oblique Pictometry © imagery. *Photogrammetric Engineering and Remote Sensing* 77 (9), 885 – 898.

[75] Gokon, H., Post, J., Stein, E., Martinis, S., Twele, A., Mück, M., Geiß, C., Koshimura, S., Matsuoka, M., (2015). A Method for Detecting Buildings Destroyed by the 2011 Tohoku Earthquake and Tsunami Using Multitemporal TerraSAR-X Data. *IEEE Geoscience and Remote Sensing Letters* 12 (6), 1277 – 1281.

[76] Gouveia, L., Moura, P., Ruthmair, M., Sousa, A., (2014). Spanning trees with variable degree bounds. *European Journal of Operational Research* 239 (3), 830 – 841.

[77] Grodecki, J., Dial, G., (2001). IKONOS geometric accuracy, Proc. Joint Workshop of ISPRS Working Groups I/2, I/5 and IV/7 on High Resolution Mapping from Space, pp. 19 – 21.

[78] Hall, D., Llinas, J., (2001). Multisensor data fusion. CRC press.

[79] Han, J.-Y., Perng, N.-H., Chen, H.-J., (2013). LiDAR point cloud registration by image detection technique. *IEEE Geoscience and Remote Sensing Letters*, 10 (4), 746 – 750.

[80] Haralick, R. M., Shanmugam, K., Dinstein, I. H., (1973). Textural features for image classification. *IEEE Transactions on Systems, Man and Cybernetics*, (6), 610 – 621.

[81] Harris, Z. S., (1954). Distributional structure. Word 10 (2 – 3), 146 – 162.

[82] Hartley, R. I., (1997). In defense of the eight-point algorithm. *IEEE Transactions on Pattern Analysis and Machine Intelligence*, 19 (6), 580 – 593.

[83] Himmelsbach, M., Luettel, T., Wuensche, H. J., (2009). Real-time object classification in 3D point clouds using point feature histograms, Proc. International Conference on Intelligent Robots and Systems, pp. 994 – 1000.

[84] Horn, B. K., (1970). Shape from shading: A method for obtaining the shape of a smooth opaque object from one view (R). Technical Report 232, MIT

Artificial Intelligence Laboratory.

[85] Huang, Y., Englehart, K. B., Hudgins, B., Chan, A. D., (2005). A Gaussian mixture model based classification scheme for myoelectric control of powered upper limb prostheses. *IEEE Transactions on Biomedical Engineering*, 52 (11), 1801 – 1811.

[86] Hunter, R. S., (1948). Accuracy, precision, and stability of new photoelectric color-difference meter, Proc. Journal of the Optical Society of America, pp. 1094 – 1094.

[87] Hunter, R. S., (1958). Photoelectric Color Difference Meter *. Josa 48 (12), 985 – 995.

[88] Ishii, M., Goto, T., Sugiyama, T., Saji, H., Abe, K., 2002. Detection of earthquake damaged areas from aerial photographs by using color and edge information, Proc. 5th Asian Conference on Computer Vision, pp. 1 – 5.

[89] Jiang, P., Wu, H., Wang, W., Ma, W., Sun, X., Lu, Z., (2007). MiPred: classification of real and pseudo microRNA precursors using random forest prediction model with combined features. *Nucleic Acids Research* 35 (suppl 2), pp. 339 – 344.

[90] Katagiri, H., Hayashida, T., Nishizaki, I., Guo, Q., (2012). A hybrid algorithm based on tabu search and ant colony optimization for k-minimum spanning tree problems. *Expert Systems with Applications* 39 (5), 5681 – 5686.

[91] Kaya, Ş., Curran, P., Llewellyn, G., (2005). Post-earthquake building collapse: a comparison of government statistics and estimates derived from SPOT HRVIR data. *International Journal of Remote Sensing* 26 (13), 2731 – 2740.

[92] Ke, Y., Sukthankar, R., (2004). PCA-SIFT: A more distinctive representation for local image descriptors, Proc. IEEE Computer Society Conference on Computer Vision and Pattern Recognition, pp. 506 – 513.

[93] Keller, J. M., Chen, S., Crownover, R. M., (1989). Texture description and segmentation through fractal geometry. *Computer Vision, Graphics, and image processing* 45 (2), 150 – 166.

[94] Labiak, R. C., Van Aardt, J. A., Bespalov, D., Eychner, D., Wirch, E., Bischof, H. -P., 2011. Automated method for detection and quantification of building damage and debris using post-disaster LiDAR data, Proc. SPIE Defense, Security, and Sensing, pp. 80370 – 80378.

[95] Lee, Y. -W. , Suh, Y. -C. , Shibasaki, R. , (2008). A simulation system for GNSS multipath mitigation using spatial statistical methods. *Computers & Geosciences* 34 (11), 1597 – 1609.

[96] Li, M. , Bijker, W. , Stein, A. , (2015). Use of Binary Partition Tree and energy minimization for object-based classification of urban land cover. *ISPRS Journal of Photogrammetry and Remote Sensing* 102, 48 – 61.

[97] Li, M. , Cheng, L. , Gong, J. , Liu, Y. , Chen, Z. , Li, F. , Chen, G. , Chen, D. , Song, X. , (2008). Post-earthquake assessment of building damage degree using LiDAR data and imagery. *Science in China Series E: Technological Sciences* 51 (2), 133 – 143.

[98] Lingua, A. , Marenchino, D. , Nex, F. , (2009). Performance analysis of the SIFT operator for automatic feature extraction and matching in photogrammetric applications. *Sensors* 9 (5), 3745 – 3766.

[99] Liu, W. , Dong, P. , Liu, J. , Guo, H. , (2013). Evaluation of three-dimensional shape signatures for automated assessment of post-earthquake building damage. *Earthquake spectra* 29 (3), 897 – 910.

[100] Longuet-Higgins, H. C. , (1987). A computer algorithm for reconstructing a scene from two projections. Readings in Computer Vision: Issues, Problems, Principles, and Paradigms, MA Fischler and O. Firschein, eds, 61 – 62.

[101] Lourakis M, A. A. , (2004). The Design and Implementation of a Generic Sparse Bundle Adjustment Software Package Based on the Levenberg-Marquardt Algorithm, Technical Report 340. Inst. of Computer Science-FORTH, Heraklion, Greece.

[102] Lowe, D. G. , (1999). Object recognition from local scale-invariant features, Proc. IEEE international conference on Computer vision, pp. 1150 – 1157.

[103] Lowe, D. G. , (2001). Local feature view clustering for 3D object recognition, Proc. IEEE Computer Society Conference on Computer Vision and Pattern Recognition, pp. 682 – 688.

[104] Lowe, D. G. , (2004). Distinctive image features from scale-invariant keypoints. *International Journal of Computer Vision* 60 (2), 91 – 110.

[105] Lucieer, A. , de Jong, S. , Turner, D. , (2014). Mapping landslide displacements using Structure from Motion (SfM) and image correlation of multi-temporal UAV photography. *Progress in Physical Geography*, 38 (1), 97 – 116.

[106] Luo, T. , Kramer, K. , Samson, S. , Remsen, A. , Goldgof, D. B. , Hall,

L. O., Hopkins, T., (2004). Active learning to recognize multiple types of plankton, Proc. 17th International Conference on Pattern Recognition, pp. 478 – 481.

[107] Mandelbrot, B. B., (1967). How long is the coast of Britain. *Science* 156 (3775), 636 – 638.

[108] Mandelbrot, B. B., (1975). Stochastic models for the Earth's relief, the shape and the fractal dimension of the coastlines, and the number-area rule for islands. Proc. National Academy of Sciences 72 (10), 3825 – 3828.

[109] Mandelbrot, B. B., (1983). The fractal geometry of nature. Macmillan.

[110] Mandelbrot, B. B., (1985). Self-affine fractals and fractal dimension. *Physica Scripta* 32 (4), 257 – 260.

[111] Marin, C., Bovolo, F., Bruzzone, L., (2015). Building change detection in multitemporal very high resolution SAR images. *IEEE Transactions on Geoscience and Remote Sensing* 53 (5), 2664 – 2682.

[112] Martin, W. N., Aggarwal, J. K., (1983). Volumetric descriptions of objects from multiple views. *IEEE Transactions on Pattern Analysis & Machine Intelligence* 5 (2), 150 – 158.

[113] Massonnet, D., Rossi, M., Carmona, C., Adragna, F., Peltzer, G., Feigl, K., Rabaute, T., (1993). The displacement field of the Landers earthquake mapped by radar interferometry. *Nature* 364 (6433), 138 – 142.

[114] Matsuoka, M., Yamazaki, F., (2004). Use of satellite SAR intensity imagery for detecting building areas damaged due to earthquakes. *Earthquake spectra* 20 (3), 975 – 994.

[115] Mayer, H., (2014). Efficient Hierarchical Triplet Merging for Camera Pose Estimation. Proc. Pattern Recognition. Springer, pp. 399 – 409.

[116] Miura, H., Midorikawa, S., (2006). Updating GIS building inventory data using high-resolution satellite images for earthquake damage assessment: application to metro Manila, Philippines. *Earthquake spectra* 22 (1), 151 – 168.

[117] Nagai, M., Chen, T., Shibasaki, R., Kumagai, H., Ahmed, A., (2009). UAV-borne 3-D mapping system by multisensor integration. *IEEE Transactions on Geoscience and Remote Sensing* 47 (3), 701 – 708.

[118] Nichol, J. E., Shaker, A., Wong, M.-S., (2006). Application of high-resolution stereo satellite images to detailed landslide hazard assessment. *Geomorphology* 76 (1), 68 – 75.

[119] Nister, D. , Stewenius, H. , (2006). Scalable recognition with a vocabulary tree, Proc. IEEE Computer Society Conference on Computer Vision and Pattern Recognition, pp. 2161 - 2168.

[120] Okada, S. , Takai, N. , (2000). Classifications of structural types and damage patterns of buildings for earthquake field investigation, Proc. the 12th World Conference on Earthquake Engineering, pp. 1 - 5.

[121] Olsson, F. , (2009). A literature survey of active machine learning in the context of natural language processing. SICS Technical Report T2009: 06.

[122] Palmason, J. A. , Benediktsson, J. A. , Arnason, K. , (2003). Morphological transformations and feature extraction of urban data with high spectral and spatial resolution, Proc. IEEE International Geoscience and Remote Sensing Symposium, pp. 470 - 472.

[123] Permuter, H. , Francos, J. , Jermyn, I. , (2006). A study of Gaussian mixture models of color and texture features for image classification and segmentation. *Pattern Recognition* 39 (4), 695 - 706.

[124] Pesaresi, M. , Kanellopoulos, I. , (1999). Detection of urban features using morphological based segmentation and very high resolution remotely sensed data. In: Machine Vision and Advanced Image Processing in Remote Sensing. Springer, pp. 271 - 284.

[125] Philbin, J. , Chum, O. , Isard, M. , Sivic, J. , Zisserman, A. , (2007). Object retrieval with large vocabularies and fast spatial matching, Proc. IEEE Conference on Computer Vision and Pattern Recognition, pp. 1 - 8.

[126] Photoscan, A. , (2011). Agisoft Photoscan, http: //www. agisoft. com/. (Accessed March 20th, 2016).

[127] PhotoScan, A. , (2014). User Manual: Professional Edition. Version 0. 9 1. http: //www. agisoft. com/. (Accessed March 20th).

[128] Pierrot-Deseilligny, (2012). Micmac software. https: //sourceforge. net/projects/micmac/. (Accessed March 20th, 2016).

[129] Pix4D, (2013). Drone Mapping Software. https: //pix4d. com/. (Accessed March 20th, 2016).

[130] Pollefeys, M. , Koch, R. , Vergauwen, M. , Van Gool, L. , (2000). Automated reconstruction of 3D scenes from sequences of images. *ISPRS Journal of Photogrammetry and Remote Sensing* 55 (4), 251 - 267.

[131] Pulli, K. , (1999). Multiview registration for large data sets, Proc. Second International Conference on 3 - D Digital Imaging and Modeling, pp.

160 – 168.

[132] Rehor, M. ,(2007). Classification of building damage based on laser scanning data. *The Photogrammetric Journal of Finland* 20 (2), 54 – 63.

[133] Rezaeian, M. , Gruen, A. , (2007). Automatic classification of collapsed buildings using object and image space features. Proc. Geomatics solutions for disaster management. Springer, pp. 135 – 148.

[134] Roy, N. , McCallum, A. , (2001). Toward optimal active learning through monte carlo estimation of error reduction. Proc. International Conference on Machine Learning, pp. 441 – 448.

[135] Rupnik, E. , Nex, F. , Remondino, F. , (2013). Automatic orientation of large blocks of oblique images. *The International Archives of the Photogrammetry, Remote Sensing and Spatial Information Sciences* 1 (1), 299 – 304.

[136] Rupnik, E. , Nex, F. , Remondino, F. , (2014). Oblique multi-camera systems-orientation and dense matching issues. *The International Archives of Photogrammetry, Remote Sensing and Spatial Information Sciences* 40 (3), 107.

[137] Rupnik, E. , Nex, F. , Toschi, I. , Remondino, F. , (2015). Aerial multi-camera systems: Accuracy and block triangulation issues. *ISPRS Journal of Photogrammetry and Remote Sensing* 101, 233 – 246.

[138] Rusu, R. B. , Blodow, N. , Beetz, M. , (2009). Fast point feature histograms (FPFH) for 3D registration, Proc. IEEE International Conference on Robotics and Automation, pp. 3212 – 3217.

[139] Rusu, R. B. , Marton, Z. C. , Blodow, N. , Beetz, M. , (2008). Learning informative point classes for the acquisition of object model maps, Proc. 10th International Conference on Control, Automation, Robotics and Vision, pp. 643 – 650.

[140] Saito, K. , Spence, R. J. , Going, C. , Markus, M. , (2004). Using high-resolution satellite images for post-earthquake building damage assessment: a study following the 26 January 2001 Gujarat earthquake. *Earthquake spectra* 20 (1), 145 – 169.

[141] Saponaro, P. , Sorensen, S. , Rhein, S. , Mahoney, A. R. , Kambhamettu, C. , (2014). Reconstruction of textureless regions using structure from motion and image-based interpolation, Proc. IEEE International Conference on Image Processing, Paris, pp. 1847 – 1851.

[142] Sarkar, N. , Chaudhuri, B. , (1994). An efficient differential box-counting

approach to compute fractal dimension of image. *IEEE Transactions on Systems, Man and Cybernetics* 24 (1), 115 –120.

[143] Schaffalitzky, F., Zisserman, A., (2002). Multi-view matching for unordered image sets, or "How do I organize my holiday snaps?". Proc. European Conference on Computer Vision, pp. 414 –431.

[144] Schohn, G., Cohn, D., (2000). Less is more: Active learning with support vector machines, Proc. International Conference on Machine Learning, pp. 839 –846.

[145] Schweier, C., Markus, M., (2004). Assessment of the search and rescue demand for individual buildings, Proc. 13th World Conference on Earthquake Engineering, pp. 118 –128.

[146] Schweier, C., Markus, M., (2006). Classification of Collapsed Buildings for Fast Damage and Loss Assessment. *Bulletin of Earthquake Engineering* 4 (2), 177 –192.

[147] Seung, H. S., Opper, M., Sompolinsky, H., (1992). Query by committee, Proc. the fifth annual workshop on Computational learning theory, pp. 287 –294.

[148] Shi, W., Hao, M., (2013). A method to detect earthquake-collapsed buildings from high-resolution satellite images. *Remote Sensing Letters* 4 (12), 1166 –1175.

[149] Shinozuka, M., Ghanem, R., Houshmand, B., Mansouri, B., (2000). Damage detection in urban areas by SAR imagery. *Journal of Engineering Mechanics* 126 (7), 769 –777.

[150] Sivic, J., Zisserman, A., (2003). Video Google: A text retrieval approach to object matching in videos, Proc. 9th IEEE International Conference on Computer Vision, 2003, pp. 1470 –1477.

[151] Sivic, J., Zisserman, A., (2009). Efficient visual search of videos cast as text retrieval. *IEEE Transactions on Pattern Analysis and Machine Intelligence* 31 (4), 591 –606.

[152] Snavely, N., (2008), Scene reconstruction and visualization from internet photo collections, Ph. D thesis, University of Washington.

[153] Snavely, N., (2010). Bundler: Structure from motion for unordered image collections. http://www.cs.cornell.edu/~snavely/bundler/. (Accessed March 20th, 2016).

[154] Snavely, N., Seitz, S. M., Szeliski, R., (2006). Photo tourism: exploring

photo collections in 3D, Proc. ACM transactions on graphics, pp. 835 – 846.

[155] Snavely, N., Seitz, S. M., Szeliski, R., (2008). Skeletal graphs for efficient structure from motion, Proc. IEEE Conference on Computer Vision and Pattern Recognition, pp. 1 – 8.

[156] Snavely, N., Simon, I., Goesele, M., Szeliski, R., Seitz, S. M., 2010. Scene reconstruction and visualization from community photo collections. *Proceedings of the IEEE* 98 (8), 1370 – 1390.

[157] Stamos, I., Leordean, M., (2003). Automated feature-based range registration of urban scenes of large scale, Proc. IEEE Computer Society Conference on Computer Vision and Pattern Recognition, pp. 555 – 561.

[158] Stein, F., Medioni, G., (1992). Structural indexing: Efficient 3 – D object recognition. *IEEE Transactions on Pattern Analysis and Machine Intelligence* (2), 125 – 145.

[159] Steinle, E., Kiema, J., Leebemann, J., (2001). Laserscanning for analysis of damages caused by earthquake hazards, Proc. the OEEPE Workshop on Airborne Laserscanning and Interferometric SAR for Detailed Digital Elevation Models, pp. 1 – 3.

[160] Stone, R., (2008). An unpredictably violent fault. *Science* 320 (5883), 1578 – 1580.

[161] Stramondo, S., Bignami, C., Chini, M., Pierdicca, N., Tertulliani, A., (2006). Satellite radar and optical remote sensing for earthquake damage detection: results from different case studies. *International Journal of Remote Sensing* 27 (20), 4433 – 4447.

[162] Sumer, E., Turker, M., (2006). An integrated earthquake damage detection system. International Archives of Photogrammetry, Remote Sensing and Spatial Information Sciences 36 (4/C42).

[163] Toldo, R., Gherardi, R., Farenzena, M., Fusiello, A., (2015). Hierarchical structure-and-motion recovery from uncalibrated images. *Computer Vision and Image Understanding* 140, 127 – 143.

[164] Tomasi, C., Kanade, T., (1992). Shape and motion from image streams under orthography: a factorization method. *International journal of computer vision* 9 (2), 137 – 154.

[165] Tomowski, D., Ehlers, M., Klonus, S., (2011). Colour and texture based change detection for urban disaster analysis, Proc. Joint Urban Remote Sensing Event, pp. 329 – 332.

[166] Tong, X. , Hong, Z. , Liu, S. , Zhang, X. , Xie, H. , Li, Z. , Yang, S. , Wang, W. , Bao, F. , (2012). Building-damage detection using pre-and post-seismic high-resolution satellite stereo imagery: a case study of the May 2008 Wenchuan earthquake. *ISPRS Journal of Photogrammetry and Remote Sensing* 68, 13 – 27.

[167] Tong, X. , Lin, X. , Feng, T. , Xie, H. , Liu, S. , Hong, Z. , Chen, P. , (2013). Use of shadows for detection of earthquake-induced collapsed buildings in high-resolution satellite imagery. *ISPRS Journal of Photogrammetry and Remote Sensing* 79, 53 – 67.

[168] Torr, P. H. , Zisserman, A. , (1999). Feature based methods for structure and motion estimation. In: Vision Algorithms: Theory and Practice. Springer, pp. 278 – 294.

[169] Tralli, D. M. , Blom, R. G. , Zlotnicki, V. , Donnellan, A. , Evans, D. L. , (2005). Satellite remote sensing of earthquake, volcano, flood, landslide and coastal inundation hazards. *ISPRS Journal of Photogrammetry and Remote Sensing* 59 (4), 185 – 198.

[170] Tu, J. , Sui, H. , Feng, W. , Song, Z. , (2016). Automatic Building Damage Detection Method Using High-Resolution Remote Sensing Images and 3d GIS Model. *ISPRS Annals of Photogrammetry, Remote Sensing and Spatial Information Sciences*, 43 – 50.

[171] Tuia, D. , Ratle, F. , Pacifici, F. , Kanevski, M. F. , Emery, W. J. , (2009). Active learning methods for remote sensing image classification. IEEE Transactions on Geoscience and Remote Sensing 47 (7), 2218 – 2232.

[172] Tuia, D. , Volpi, M. , Copa, L. , Kanevski, M. , Muñoz-Marí, J. , (2011). A survey of active learning algorithms for supervised remote sensing image classification. *IEEE Journal of Selected Topics in Signal Processing*, 5 (3), 606 – 617.

[173] Turker, M. , San, B. , (2003). SPOT HRV data analysis for detecting earthquake-induced changes in Izmit, Turkey. *International Journal of Remote Sensing* 24 (12), 2439 – 2450.

[174] Ullman, S. , (1979). The interpretation of visual motion. Massachusetts Inst of Technology Press Classics Series.

[175] Vetrivel, A. , Gerke, M. , Kerle, N. , Vosselman, G. , (2015). Identification of damage in buildings based on gaps in 3D point clouds from very high resolution oblique airborne images. *ISPRS Journal of Photogrammetry and*

Remote Sensing 105, 61 –78.

[176] Voisin, A., Krylov, V. A., Moser, G., Serpico, S. B., Zerubia, J., (2013). Classification of very high resolution SAR images of urban areas using copulas and texture in a hierarchical Markov random field model. *IEEE Geoscience and Remote Sensing Letters* 10 (1), 96 –100.

[177] Vu, T. T., Yamazaki, F., Matsuoka, M., (2009). Multi-scale solution for building extraction from LiDAR and image data. *International Journal of Applied Earth Observation and Geoinformation* 11 (4), 281 –289.

[178] Wenzel, (2013). SURE-Photogrammetric Surface Reconstruction from Imagery, http://www.ifp.uni-stuttgart.de/publications/software/sure/index.en.html. (Accessed March 20th, 2016).

[179] Witkin, A. P., (1981). Recovering surface shape and orientation from texture. *Artificial intelligence* 17 (1), 17 –45.

[180] Woodham, R. J., (1980). Photometric method for determining surface orientation from multiple images. *Optical engineering* 19 (1), 113 –119.

[181] Wu, C., (2011). VisualSfM: A visual structure from motion system, http://ccwu.me/vsfm/. (Accessed March 20th, 2016).

[182] Xu, Z., Wu, L., Chen, S., Wang, R., Li, F., Wang, Q., (2014a). Extraction of image topological graph for recovering the scene geometry from UAV collections. *The International Archives of Photogrammetry, Remote Sensing and Spatial Information Sciences* 40 (4), 319 –323.

[183] Xu Z., Wu L., Shen Y., Wang Q., Wang R., Li F., (2014b). Extraction of damaged building's geometric features from multi-source point clouds, Proc. IEEE International Geoscience and Remote Sensing Symposium, pp. 4764 –4767

[184] Xu, Z., Wu, L., Wang, Z., Wang, R., Li, Z., Li, F., (2013). Matching UAV images with image topology skeleton, Proc. IEEEE International Geoscience and Remote Sensing Symposium Melbourne, pp. 546 –549.

[185] Yamazaki, F., Vu, T. T., Matsuoka, M., (2007). Context-based detection of post-disaster damaged buildings in urban areas from satellite images, Proc. Urban Remote Sensing Joint Event, pp. 1 –5.

[186] Yonglin, S., Lixin, W., Zhi, W., (2010). Identification of inclined buildings from aerial LIDAR data for disaster management, Proc. 18th International Conference on Geoinformatics, pp. 1 –5.

[187] Zhang, Z., (1994). Iterative point matching for registration of free-form

curves and surfaces. *International Journal of Computer Vision* 13（2），119 – 152.

[188] Nex Francesco，Diogo Duarte，Anne Steenbeek，and Norman Kerle. Towards Real-Time Building Damage Mapping with Low-Cost UAV Solutions. Remote sensing 11，no. 3（2019）：287.

[189] Chen，Si-Wei，Xue-Song Wang，and Motoyuki Sato. Urban damage level mapping based on scattering mechanism investigation using fully polarimetric SAR data for the 3. 11 East Japan earthquake. IEEE Transactions on Geoscience and Remote Sensing 54. 12（2016）：6919 – 6929.

[190] Zhou，Zixiang，Jie Gong，and Xuan Hu. Community-scale multi-level post-hurricane damage assessment of residential buildings using multi-temporal airborne LiDAR data. Automation in Construction 98（2019）：30 – 45.

[191] Wilson，L.，Rawlinson，A.，Frost，A.，& Hepher，J.（2018）. 3D digital documentation for disaster management in historic buildings：Applications following fire damage at the Mackintosh building，The Glasgow School of Art. Journal of Cultural Heritage，31，24 – 32.

[192] Yang，Jiaolong，Hongdong Li，Dylan Campbell，and Yunde Jia. Go – ICP：A globally optimal solution to 3D ICP point – set registration. IEEE transactions on pattern analysis and machine intelligence 38，no. 11（2016）：2241 – 2254.

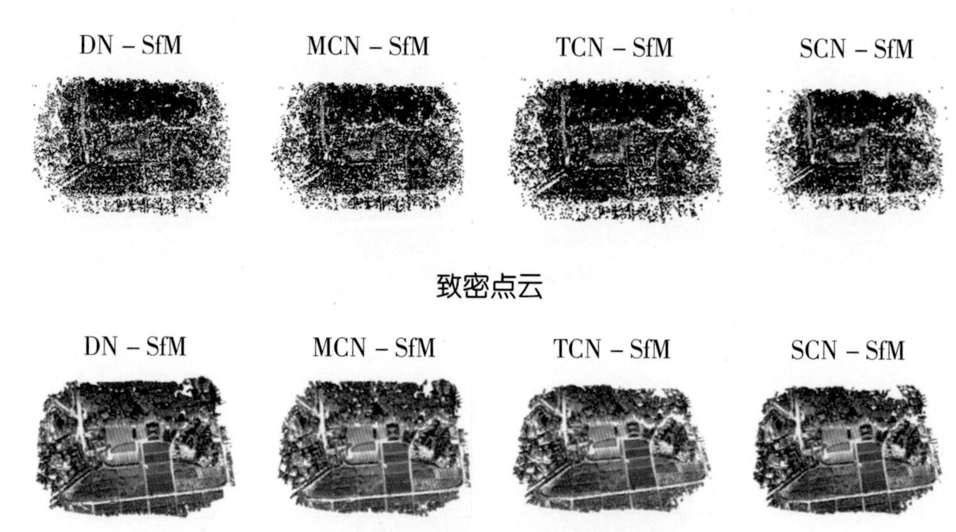

图 2.28 不同 SfM 算法对实验 2 数据的重建结果

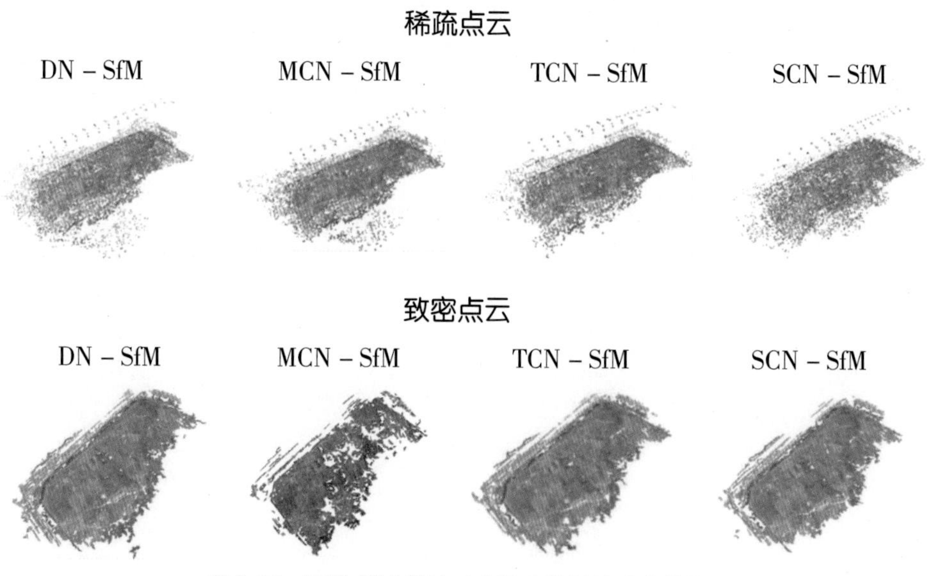

图 2.29 不同 SfM 算法对实验 3 数据的重建结果

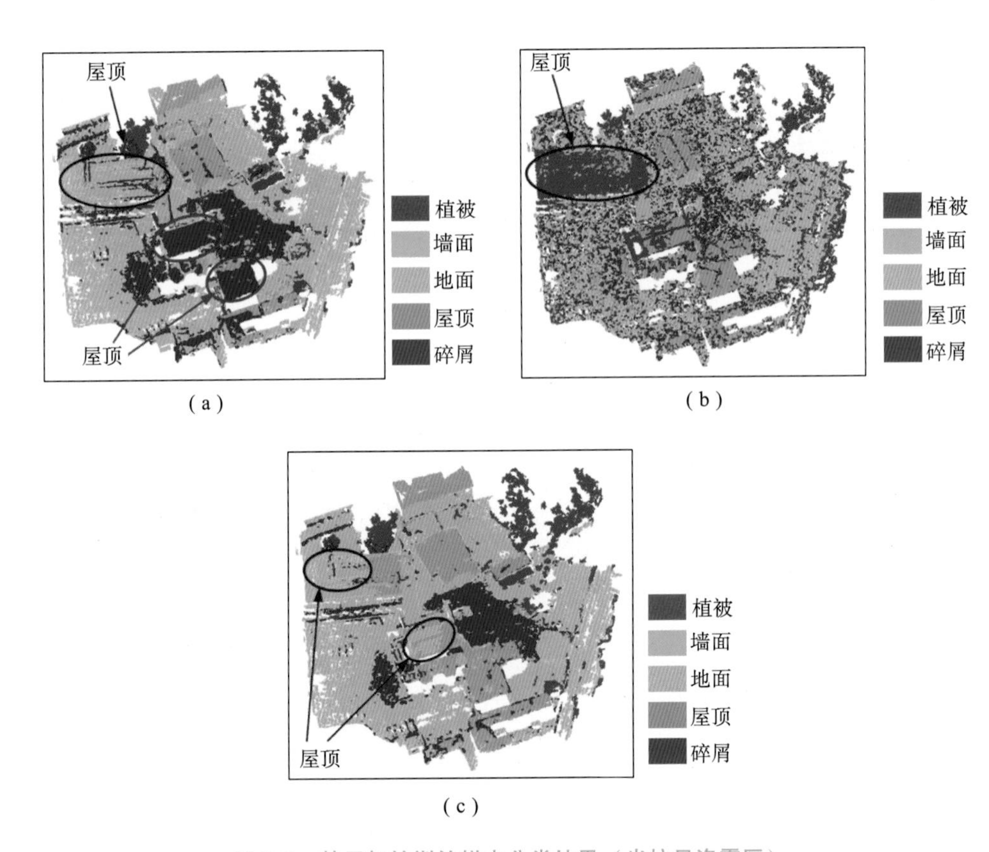

图 3.9　基于初始训练样本分类结果（米拉贝洛震区）

（a）基于光谱 + 纹理特征；（b）基于几何特征；（c）基于光谱 + 纹理 + 几何特征

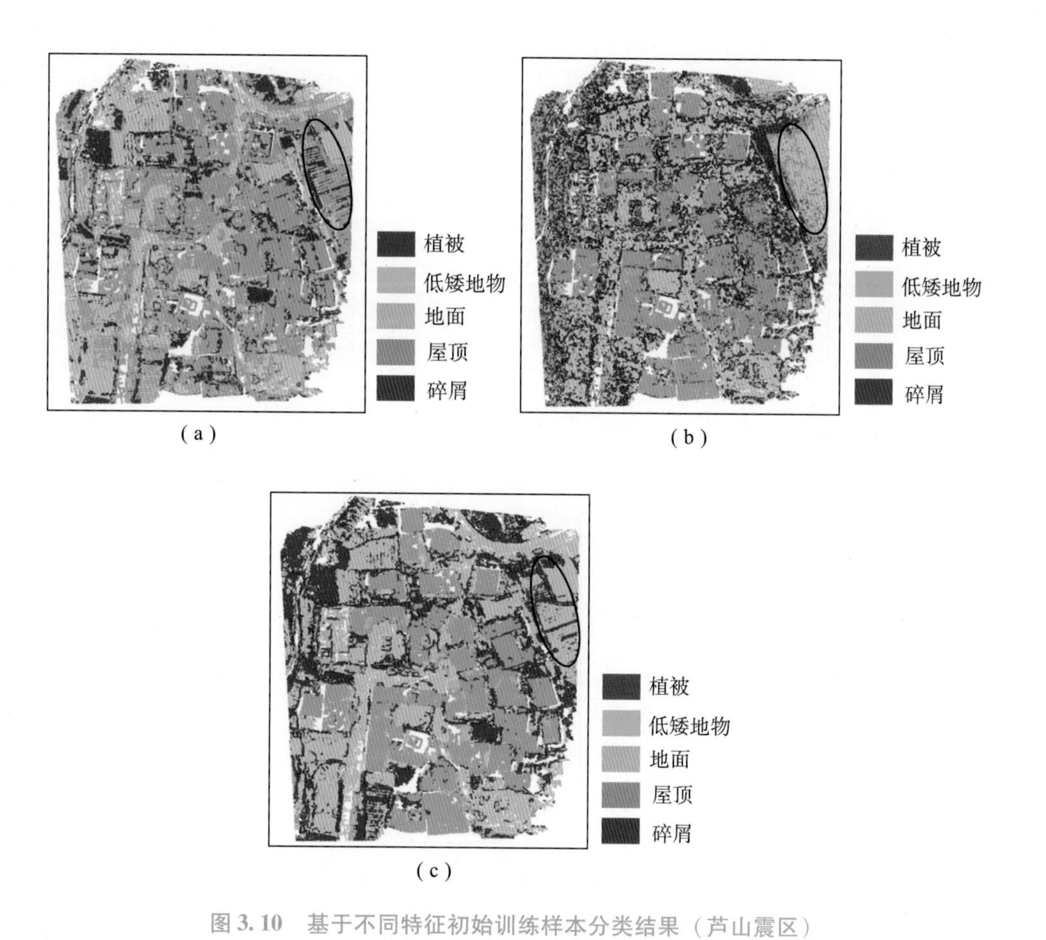

图 3.10　基于不同特征初始训练样本分类结果（芦山震区）

（a）基于光谱 + 纹理特征；（b）基于几何特征；（c）基于光谱 + 纹理 + 几何特征

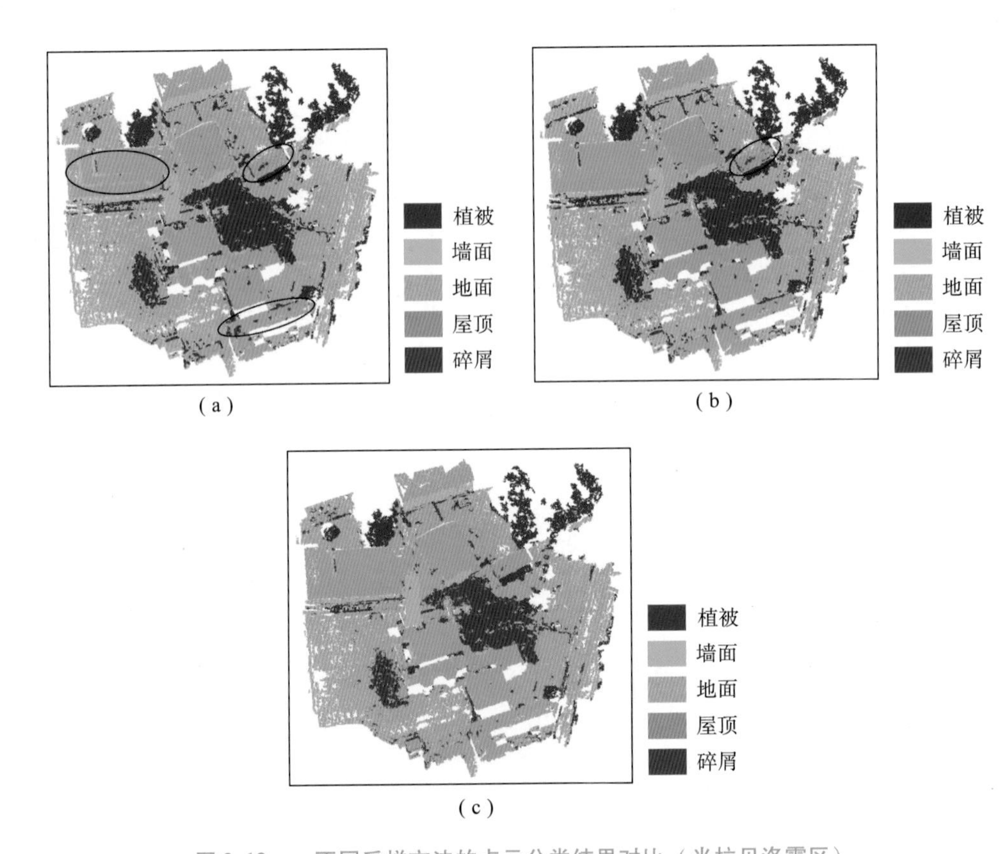

图 3.12　不同采样方法的点云分类结果对比（米拉贝洛震区）

（a）随机采样（□ 1）；（b）MCLU – MS 主动学习采样（Batch Size = 100，□ 2）；
（c）MCLU – MS 主动学习采样（Batch Size = 5，□3）

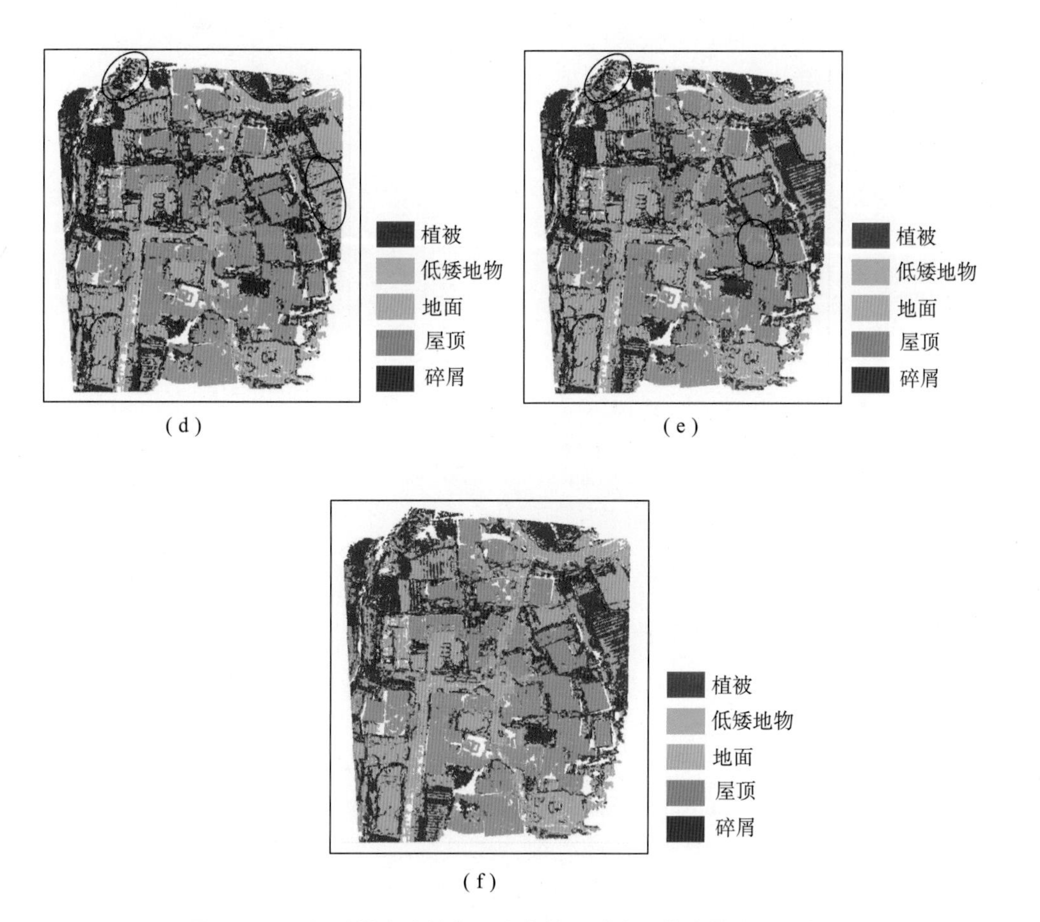

图 3.12　不同采样方法的点云分类结果对比（芦山震区）（续）

(d) 随机采样（□4）；(e) MCLU - MS 主动学习采样（Batch Size = 100，□5）；
(f) MCLU - MS 主动学习采样（Batch Size = 5，□6）

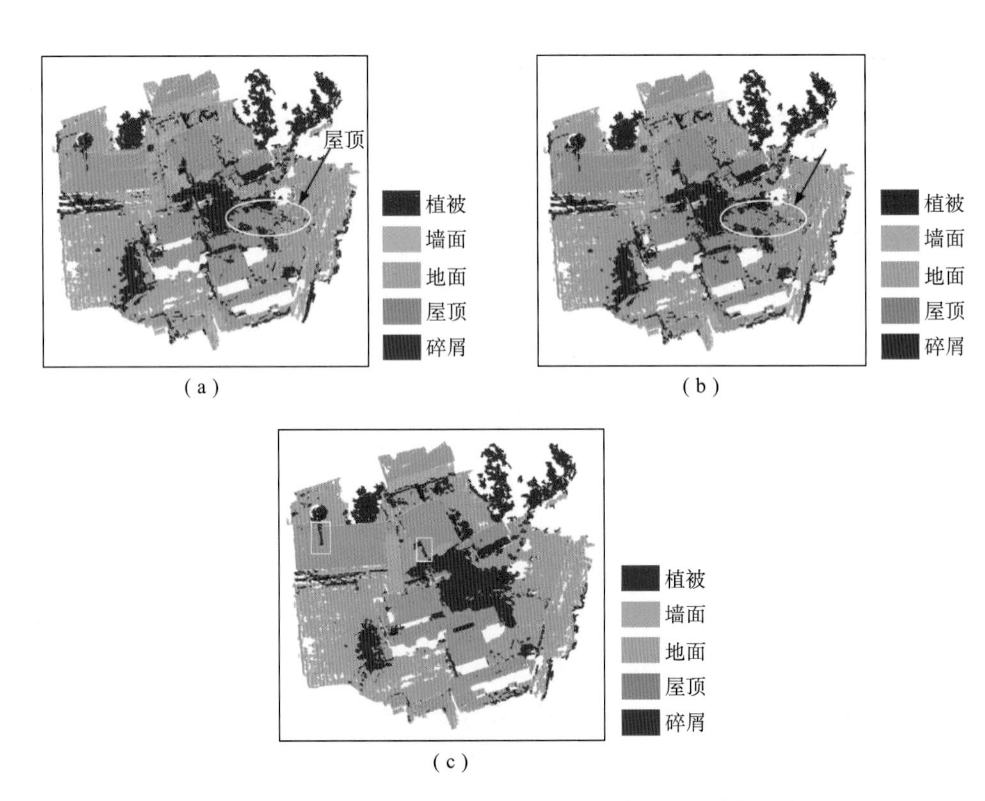

图 3.13　基于多尺度点特征的灾场点云初始分类结果（米拉贝洛震区）

（a）基于光谱＋纹理特征；（b）基于几何特征；（c）基于光谱＋纹理＋几何特征

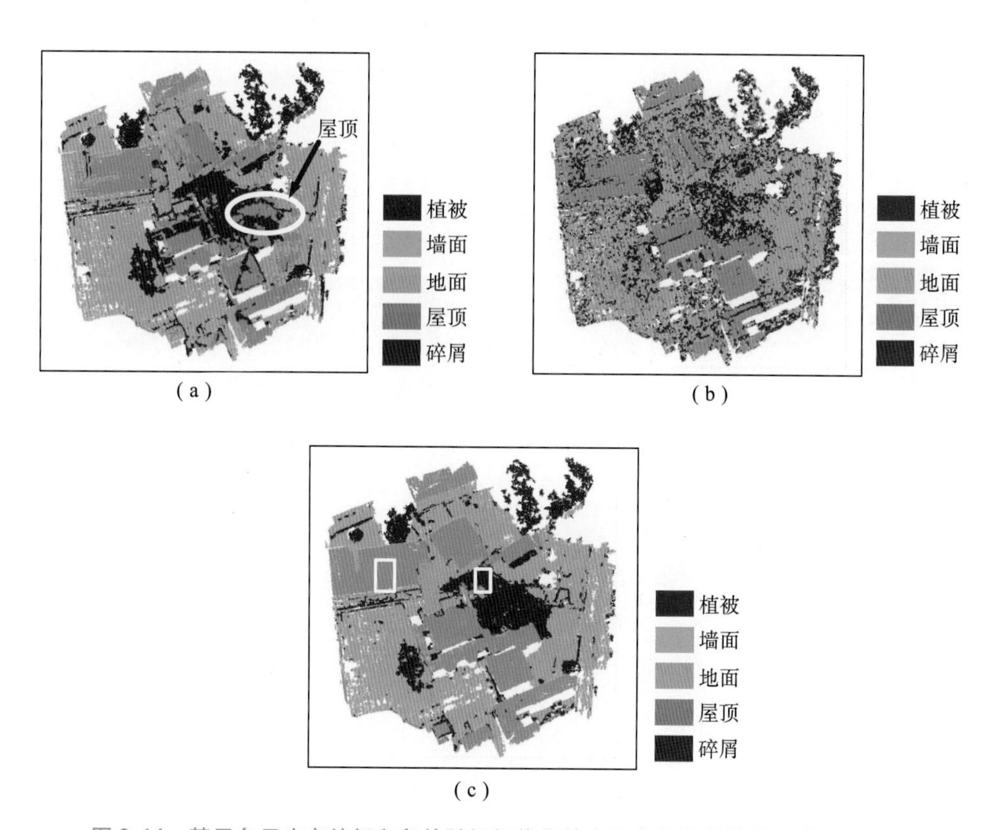

图 3.14　基于多尺度点特征和条件随机场优化的灾场点云分类结果（芦山震区）

（a）基于光谱 + 纹理特征；（b）基于几何特征；（c）基于光谱 + 纹理 + 几何特征

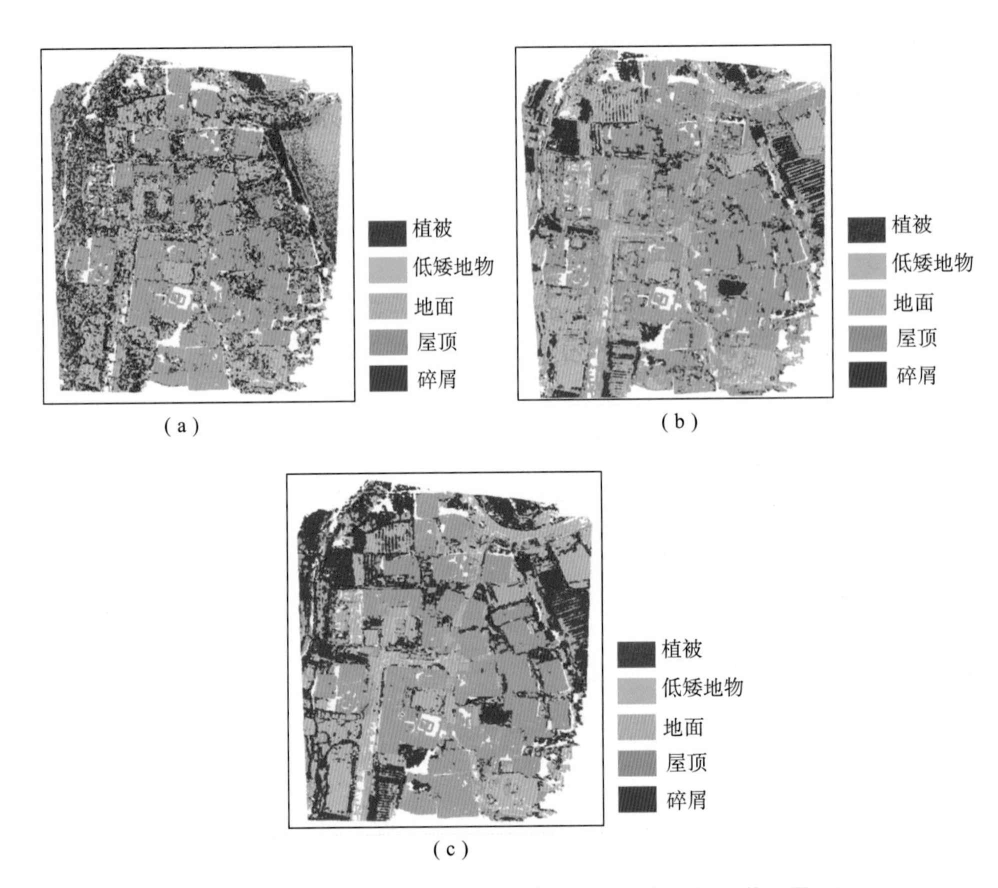

图 3.15 基于多尺度点特征的灾场点云初始分类结果（芦山震区）

(a) 基于光谱+纹理特征；(b) 基于几何特征；(c) 基于光谱+纹理+几何特征

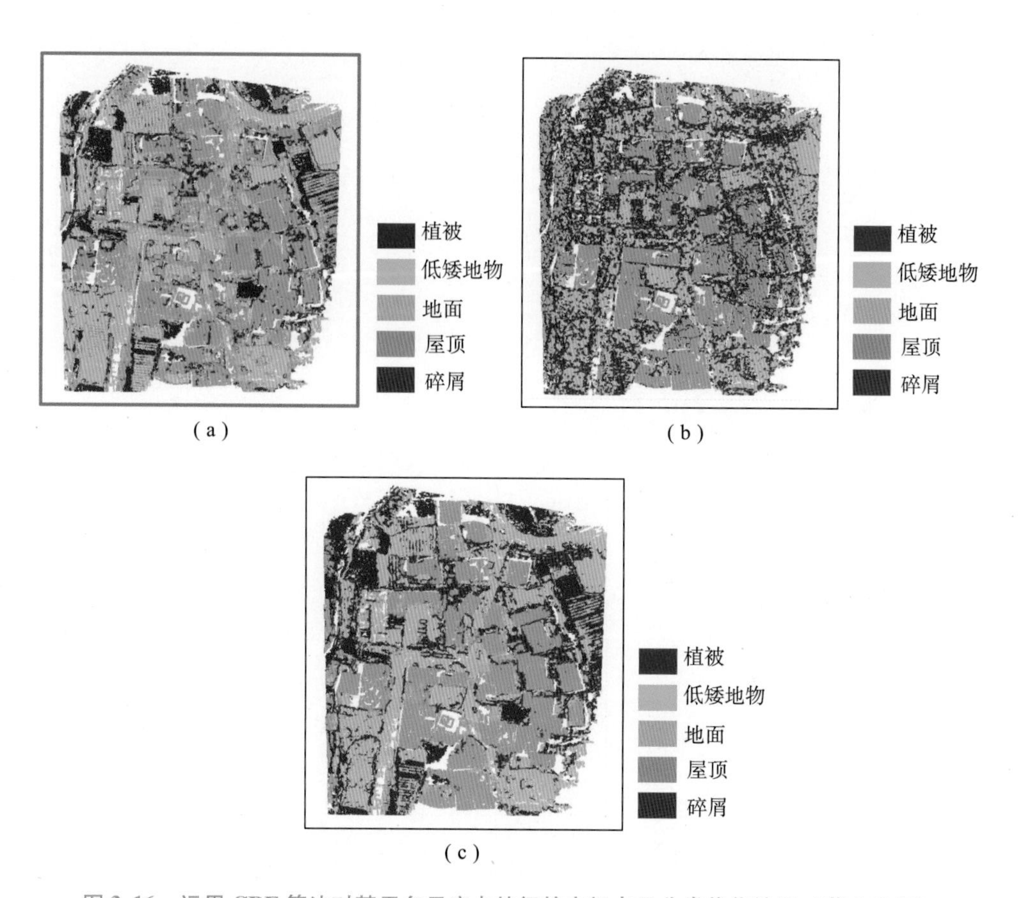

图 3.16　运用 CRF 算法对基于多尺度点特征的灾场点云分类优化结果（芦山震区）

（a）基于光谱 + 纹理特征；（b）基于几何特征；（c）基于光谱 + 纹理 + 几何特征

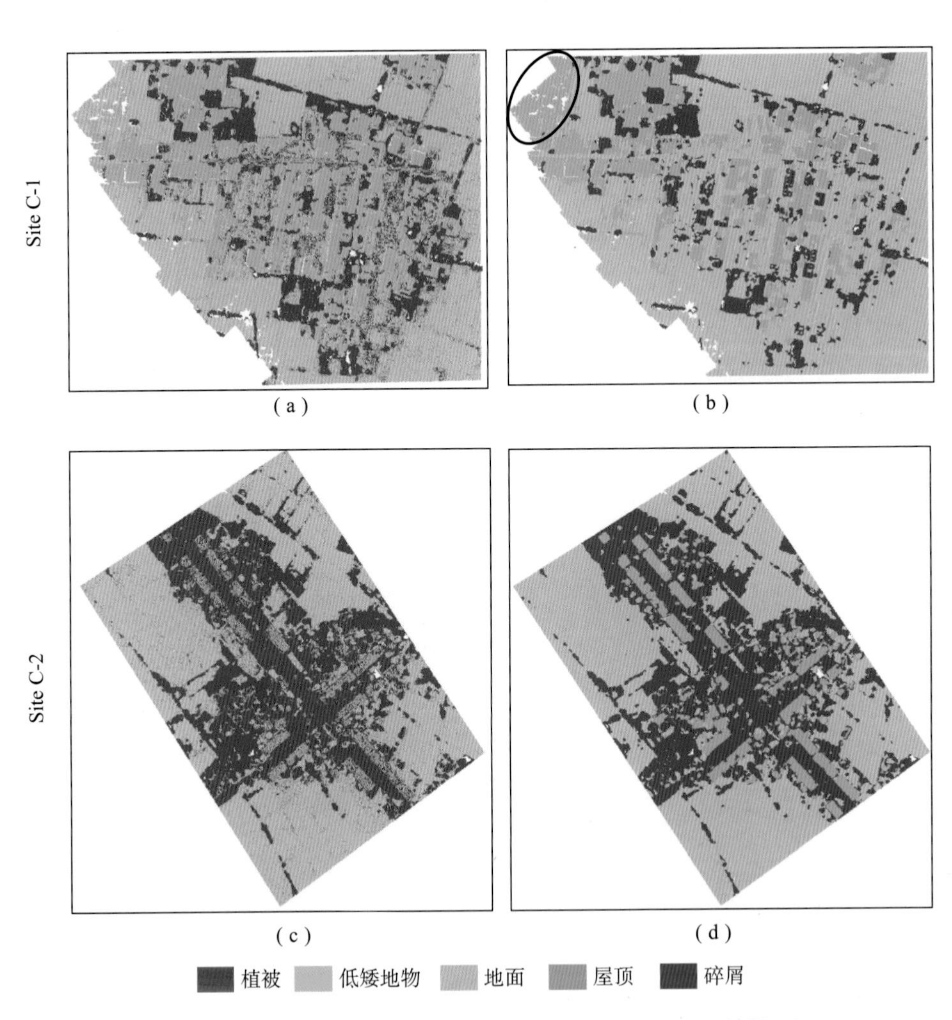

图 3.18　基于迁移学习的灾场点云分类结果（汶川汉王镇震区）

(a)(c) 基于点特征的初始分类结果；(b)(d) 条件随机场优化后的结果